博物之旅

兰花的第二个世纪

〔英〕詹姆斯·贝特曼 著

薛晓源 主编

沐先运 译

商务印书馆
The Commercial Press
创于1897

2019年·北京

目　录

目录

［总序］博物之旅

——发现自然之美

薛晓源

什么是博物学？每次讲座都有热心的听众向我提问，回答时虽然我也理直气壮，但是有时候心里也有一丝疑惑，到底有没有一个统一的标准答案？回到书房到经典书籍中反复寻找，我仍没有找到满意的答案。2016 年 6 月在上海接受记者专访时，在互动中有感而发，才觉得品到博物学其中的三昧。我说："博物，通晓众物之谓也。《辞海》里说，博物指'能辨识许多事物'。博物学是人类与大自然打交道的一门古老学问，也是自然科学研究的四大传统之一，现代意义上的天文学、地理学、生物学、气象学、人类学、生态学等众多学科，最初都孕育自博物学。"因此，我认为，博物学涉及了三个世界：客观知识世界、默会知识世界和生活世界。客观知识世界注重的是科学考察与探险，默会知识世界注重的是生命的体验，生活世界注重的是我们周围的环境。我认为考察、体验与环境是博物学的三个最重要的关键词，与此相关的认知、审美和呵护也是题中之义，也是需要我们认真地体会和把握的。

西方博物学绘画源远流长，最早可以溯源到公元前 16 世纪。希腊圣托里尼岛上一间房屋的湿壁画，现存在雅典国家博物馆，画面上百合花和燕子相互映衬，可以算作是最早的博物学绘画之一。西方博物学著作起源较早，早在公元前 4 世纪，希腊哲学家亚里士多德就撰写过《动物志》。到了公元 1 世纪，古罗马的老普林尼撰写了《博物志》，这部作品在今天看来仍是比较成型的著作。自此以后，博物学的出版和研习在西方世界蔚然成风。最早的印刷花卉插图于 1481 年在罗马出版。1530 年出版的由奥托·布朗菲尔斯（Otto Brunfels）编写的《本草图谱》，是一个集实用性与观赏性为一体、具有自然主义风格的植物图谱，从此，博物图谱风靡欧洲。博物学著作与博物学绘画，这两片不同的水域，在 16 世纪的欧洲出版物中开始合流、贯通和融合。科学家、探险家、画家纷纷加入其行列，人员之多，范围之广，超出了我们的想象。从我看到的数十万张博物学绘画和浏览过的近

希腊圣托里尼岛上发现的湿壁画（现收藏于雅典国家博物馆）

万卷的博物学著作中，在历史上榜上有名的就近万人，赫赫有名的有近千人，有大师风范的有近百人。可以概括地说，西方博物学著作以及绘画，或者准确地说，插图版的博物学著作发端于 15、16 世纪，发展于 17、18 世纪，19 世纪达到巅峰，作品爆发，大师林立，流派纷呈，19 世纪末开始式微，20 世纪出现大幅度衰落，20 世纪下半叶到现在又开始恢复和复兴。

　　西方博物学庞大的知识宝库，对一般人而言肯定会产生"眩晕"的感觉。我虽然有着十几年的博物学收藏史，但面对纷至沓来的舶来品，仍偶有如坠"五里之雾"的感觉。

本着普及博物学的现实性，《博物之旅》第一辑按照"鸟类卷""植物卷""动物卷""昆虫卷""水生生物卷"分类，从西方浩如烟海的博物学故纸堆里，披沙拣金，探骊得珠，从千卷书中精选出六十多本，采撷其中精华按上述分类汇编，系统梳理博物学巅峰时期的代表性著作。由于时间紧迫，展现在读者面前的还只是轮廓和梗概，读者诸君"欲知其详，还得等下回分解"。《博物之旅》第一辑荟萃许多博物学的名著，由于受篇幅的限制，只是编译和精选其中的菁华，第二辑我们将陆续采撷精华把这些原著完整翻译出版，以满足读者们殷殷之望。有人说《博物之旅》第一辑像正在上演的欧洲杯足球赛的"射门集锦"那样，美不胜收，要是能再看完几场整场比赛就更爽了。《博物之旅》第二辑"原典系列"就请大家看多场完整精彩的赛事，原汁原味享受美图妙文的视觉盛宴。

《博物之旅·原典系列》将从我收藏的近万部博物学名著中，经过专家遴选和讨论，选出100部，邀请博物学的专家和翻译家进行翻译，每年出版10部，计划10年左右完成。

《博物之旅·原典系列》的学术目标是以西方18—19世纪博物学最为繁盛时期的经典著作为遴选对象，以图文互动性为主导，兼顾阅读的趣味性，把科学启蒙、艺术欣赏、自然教育、趣味阅读融为一体，真正实现科学与艺术、自然与人文的完美结合，让读者诸君在诗意中感受自然之美。

"谁接千载，我瞻四方。"编者与出版方的良好愿望，期待读者诸君的热烈回应，期待我们大家一起走进日渐繁盛的博物学的春天！

译者序
兰花圣经：万般艰难为兰痴

多画春风不值钱，一枝青玉半枝妍。

山中旭日林中鸟，衔出相思二月天。

清·郑板桥《折枝兰》

　　兰花，植物世界里的"伪君子"，善于欺骗各类昆虫为她的繁衍生息不懈努力、前仆后继，却十分吝于回馈。对于人类而言，兰花却历来是大家喜爱的对象，生活中随处可见它的身影，货币、服饰、邮票、香料、绘画、陶瓷、建筑，等等。我国古人咏兰无数，如李白、苏轼等，大诗人王维甚至开创了瓷盆养兰的先河。19世纪的欧洲人，也对兰花痴迷不已，涌现了许多与兰花有关的人、画和巨著，这本《兰花的第二个世纪》就是其中最为杰出的代表之一。

　　作为爱花之人，每每翻阅詹姆斯·贝特曼先生（James Bateman，1811—1897）在1867年出版的这本书时，书中精美的兰花彩图常让我沉浸其中，不能自拔。十分羡慕贝特曼先生，能够在一百多年前就可以收集、引种并成功驯化许多来自东南亚和中南美洲地区的兰科精灵。当我着手翻译起这本著作时却有些为难，甚至连标题的中文名都考虑了很久。按照其字面意思，直译为《兰花的第二个世纪》最简单。然而，这本书还有个"第一卷"——*A Century of Orchidaceous Plants*，由威廉·胡克先生（William Jackson Hooker，1785—1865）主编并于1849年出版。其中文名通常被译为《世纪兰花》。这两本书的出版时间跨度远没有越过一个世纪，贝特曼先生也在他书的序言里说这本书是胡克先生大作的接续，并期待第三卷的问世。鉴于这些因素，我曾考虑把贝特曼先生这本书标题的中文名称翻译为《世纪兰花》（第二卷），但《世纪兰花》第一卷并未以中文形式出版，再三斟酌，仍选择直译为《兰花的第二个世纪》。

　　《世纪兰花》共介绍了100种兰花，是从著名的《柯蒂斯植物学杂志》（*Curtis's Botanical Magazine*）中精心挑选而来，配以精简的文字解说，并由大名鼎鼎的沃特·费奇先生（Walter Hood Fitch，1817—1892）绘制完成。本书延续了第一卷的物种编号，从101号开始，至200号止。其中既有来自东南亚的兰花极品，如兜兰属、卡特兰属等，也收录了贝特曼先生从中南美洲地区收集的瑰宝，如树兰属、俯龙兰属、丽莗兰属等，还收录了一些来自非洲地区的种类，如蜚声国际的彗星兰属。因此，第二卷具有很高的地域代表性和物种代表性，加之费奇先生愈加成熟的绘画技艺，以及贝特曼先生追求极致、不计成本式的出版方式，让作品更具科学性与艺术性，收藏价值极高，成为博物学的经典著作。

贝特曼先生是一名来自英格兰的农场主，也是著名的园艺家，特别喜欢兰科植物的收集和研究。此外，他还是一名具有商业头脑的大商人，通过投资钢铁业、制造业和银行业积累巨额财富。得益于个人财富的积累，贝特曼先生资助了雷金纳德·科里（Reginald Colley）去墨西哥和南美洲的考察。19世纪初期，去中南美洲考察可不像现在这样容易，更何况今天去这些地区开展野外考察也还是十分危险的！通过这次探险，贝特曼收集了大量来自热带地区的珍稀兰花。后来，贝特曼先生甚至还因送了一种热带的兰花而和达尔文有了深入的交流，促使后者进一步揭示了昆虫与兰花的协同进化。当达尔文看到那盒兰花时惊呼：我的天哪，什么昆虫能够来吸它！是的，这就是大名鼎鼎的、尾巴（距）长达30厘米的长距彗星兰！如果读者朋友有兴趣，可以看看阿迪蒂（Arditti）等人在国际植物学经典期刊——《林奈植物学报》发表的、兼具科学性与趣味性的文章，题目是：'Good Heavens what insect can suck it' — Charles Darwin, *Angraecum sesquipedale* and *Xanthopan morganii praedicta*。

贝特曼先生不但热衷于收集植物，也对引种驯化和园艺设计颇有心得和建树。他开创性地在英国的气候条件下模拟热带兰花在原生境里的生存条件，从而让这些异乡来客能够克服气候与水土问题，恣意开放。所以，有别于其他人通过看标本植物、绘制图片，他能够细致入微地观察到各类热带兰花的鲜活形态。而且，他还邀请到了当时植物绘画领域的一流人物，如费奇先生、威瑟斯女士（Augusta Innes Withers，1792—1877）和德雷克女士（Sarah Drake，1803—1857）等，为他的兰花配上了绝美的线条和颜色。于是，贝特曼的《墨西哥和危地马拉的兰花》（*The Orchidaceae of Mexico and Guatemala*，1845年出版）和这本《兰花的第二个世纪》成为植物博物学领域里的"圣经"，是当时乃至今天仍然难以超越的绝美华作！或许，贝特曼是那个时代里有钱人中玩兰花玩得最好的，是玩兰花的人中最有钱的。鉴于贝特曼先生在兰科植物研究与引种方面的巨大贡献，为了纪念他，名声赫赫的植物学博士林德利教授（John Lindley，1799—1865）以贝特曼的名字命名了兰科植物的新属和新种,如抚稚兰属(*Batemannia* Lindl.)、贝氏凹萼兰(*Rodriguezia batemanii* Lindl.)等,这是多么荣耀的事情!

著名的植物插画师费奇先生早已名声远扬,他出生于苏格兰最大城市格拉斯哥,17岁时就开始为胡克先生绘画。很快,他就凭借卓越的天资和努力,成为独立画家。1841年,胡克先生成为英国皇家植物园——邱园园长,费奇先生也成为其主力画师,曾为著名的《柯蒂斯植物学杂志》绘制了 2700 幅精美的植物插画。费奇先生的绘画风格雅致,色彩饱和度高,温润灵性,具有极强的感染力。那个年代的印刷可不像今天这样高科技,是要将绘画刻录到石板上,再去印刷的,其中的难度可想而知!他的制版技艺精湛,且能同时完成许多工作,成果丰硕,代表作有《世纪兰花》、《喜马拉雅植物》(*Illustrations of Himalayan Plants*)等。

虽然对于欧洲在植物引种方面的技术优势和历史早有耳闻,但是当看到书中频繁出现的、看似简单的几个词、几句话时,还是让我真实地感受到他们在这方面的深厚积累。例如,文中常出现"cool-orchid houses"、"Cattleya house"、"Peruvian house"、"Mexican house"等,说明他们当时已经针对不同生境要求的兰花设置了不同的温室,温度、湿度、光照条件等各有差异。正是这样的精细化操作,才能让从东南亚、从中南美洲等地不远万里而来的兰花能够在英国的专类温室中存活下来并开花结实,进一步推动了当时的兰花热潮。这背后的财力、物力与人力投入,是难以想象的!文中一些来自东南亚的兰花常被提及栽培在东印度公司的办公楼里,可见这个臭名昭著的公司,不但赤裸裸地掠夺东南亚国家的经济资源,也在偷盗各国的宝贵植物资源。

也许有人好奇,为了区区几根兰草而远赴重洋异域,去举目无亲、荒无人烟的深山老林里铤而走险,所为何图?因为,花痴太多了! 19 世纪欧洲的上层社会十分热衷于兰花的收集与养殖,兰花潮奔涌而来, "花痴"不断涌现。其中比较有名的、具有引导与示范作用的,莫过于德文郡公爵六世——威廉·卡文迪什(William Cavendish,1790—1858)。1833 年,一次园艺博览会上他偶然目睹了正在壮丽绽放的拟蝶唇兰(*Psychopsis papilio*),被其深深打动。打动到了什么程度?他要为这种兰花献身!正是这次邂逅,卡文迪什成为十足的"花痴":在随后十年里,他大量收集各类兰花,并成为当时拥有兰花最多的私人收藏家。正是在他的引领下,英国的贵族们不断关注、涉猎、投入到兰花收集与种植领域,促使该领域蓬勃发展。维多利亚时代的英国贵族圈,甚至还有一个专有名词——Orchidelirium，一种与喜爱兰花有关的心理疾病，患者会为兰花朝思暮想，耗费所有精力收集兰花、开辟温室，甚至为此倾家荡产也在所不惜。不得不感慨，维多利亚时代的英国真是好光景，贵族有心、有钱、有时间，而且真会玩，玩出艺术，玩出科学！

欣赏、借鉴西方国家的优秀博物作品，是提升我国博物学水平、激发博物新创作的重要途径。一直从事华北兰科植物调查与研究的我，与兰花也有着不解之缘，曾发表我国兰科植物中唯一以北京为模式标本产地并以北京命名的腐生兰花——北京无喙兰。因此，我欣然接受了薛晓源先生的邀请，翻译这本精心雕琢而成的、与兰花有关的博物学经典名著。社会快速发展，需要有这样基于工匠精神打磨出的精品著作，进一步满足社会公众对科学与艺术的追求。

原著中每个物种的介绍主要分为四部分：属、种的拉丁文描述，与该物种有关的采集、栽培、命名等描述，以及一版精美的绘图。为了便于阅读，并让文字更为精练，译文按照

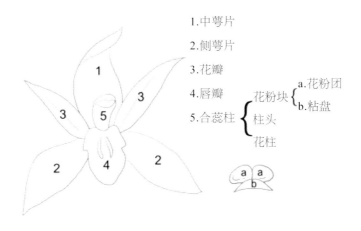

1.中萼片
2.侧萼片
3.花瓣
4.唇瓣
5.合蕊柱 { 花粉块 { a.花粉团
　　　　　　　　　　　 b.粘盘
　　　　　　　 柱头
　　　　　　　 花柱

兰花花朵各部位示意图（译者绘）

物种属、种名词的字母顺序重新编排，属的形态特征不重复出现。原著中一些物种的名称与当前学术观点不一致，译文也予以说明。原著中许多物种在中国没有分布，其中文名称以中国自然标本馆（http://www.cfh.ac.cn/default.html）网页中的介绍为主。为减少歧义，文中个别物种、地点等名称保留原文单词字样。原著中一些篇章的写作时间为 1865 年，一些为 1866 年，译稿均依原文翻译。水平有限，翻译不当之处敬请读者批评指正。

沐先运

2016 年 12 月

前　言

　　随着本卷的完成，我也借机就兰花的研究谈几句感想和体会。当这套书的第一卷完成时，兰花爱好者们的狂热程度已经开始降低，时间大概在 1832—1852 年。究其原因，主要是由于兰花新种供应量和栽种规模不断降低。以沃兹赛维克斯先生（Jósef Warszewicz）的收集为例，当这些原产于温凉环境中的新种到手后，它们就因处在高热的新环境中而快速枯死。由于无法种植，即使美若天仙的齿舌兰也没有人愿意购买。但是，我们最近有了惊人的突破：如果将这些原产于热带地区温凉气候环境下的兰花引种在不高于原生境温度的温室内，将大大降低其死亡率 [1]。这个结论是如此让人难以置信，而且被忽视了至少 20 年，但降低引种栽培死亡率的方法，就是这么简单！我们曾将来自海岸、河岸以及东、西印度群岛热带岛屿的兰花置于热带兰花看似无法生存的低温温室中，却发现来自墨西哥和秘鲁安第斯区域的兰花在这样的温室内存活下来。终于，困扰良久的难题被攻克，我们可以开心地实施兰科植物引种栽培了。

　　我们推测，将有更多更漂亮的兰花从原来的热温室里搬出去，在我们"冷处理"技术的指引下开展新的驯化。不难想象，未来将有更多漂亮的新品种问世。

　　本卷中呈现了一部分这些原产于热带地区的兰花，未来会有更多种类出现在后续出版的、具有大量精美绘图的第三卷中。

詹姆斯·贝特曼

1　按照通常的逻辑，将来自中南美洲地区的兰花引种到欧洲后，应该将它们种植在温度和中南美洲温度相似的高热温室内才能满足其生长。在贝特曼之前，园艺家一直这么做，导致兰花死亡率极高。

1. 花朵侧面　2. 合蕊柱正面　3. 唇瓣正面

美洲俯龙兰　*Acropera armeniaca*

属特征： 萼片展开，上部盔状，侧萼片充分向外展开；花瓣短小，倾斜，先端截形，半开放；唇瓣具爪，与合蕊柱基部结合，具弹性，唇瓣3裂，中裂片最小，呈囊状；合蕊柱圆柱形，具边，基部囊状；花粉块2枚，线状，卷曲，花粉块柄线状至钻状，粘盘极小；蕊喙锥形。——附生兰，总状花序稍下垂，多花着生。

本种特征： 总状花序上稀疏地着生多朵花；萼片具细尖，侧萼片倾斜，尖端圆形，花瓣分离，比合蕊柱长2倍；唇瓣拖鞋状，肉质，尖端分离，卵形，平展，渐尖，基部具冠状的小管，急尖。

美洲俯龙兰是奇异的俯龙兰属中最具观赏性的一种兰花。尽管早在1850年就已经被引进，但直到今年（1865年）对它颜色的描述仍然是一片空白。沃兹赛维克斯先生在尼加拉瓜发现了美洲俯龙兰，然后在史蒂芬先生（Stevens）的拍卖会上它被引入到了其他各地区，但目前它仍然极其稀有。美洲俯龙兰首次开花是在奥顿公园，在那里它受到了精心的照顾。若非如此，恐怕它早就在这之前从我们的花园里消失得无影无踪了。而我也从奥顿公园善良的菲利普·埃杰顿爵士（Sir Philip Egerton）那里获得了标本。栽培它十分简单省心，但切记要置于环境温度较高的地方。由于它是一种速生物种，因此就像飞龙兰属（*Gongoras*）和螳臂兰属（*Stanhopeas*）一样，必须每隔2—3年对它进行一次分盆移植，在夏季的时候它将会繁花满枝。俯龙兰属中有许多兰花都十分相似，尽管从植物学的角度讲它们各有千秋，但想把它们都收进你的百花园似乎又有些不值，这时我们就面临着艰难的选择。经过一场激烈的角逐，贝氏俯龙兰（*A. batemanni*）和美洲俯龙兰从众多竞争者中脱颖而出。且后者比前者更加光彩照人，植株各部分也更显优雅。

1. 略有放大后的花的形态　2. 合蕊柱和唇瓣侧面

3. 合蕊柱和唇瓣俯视图　4. 合蕊柱正面

5. 花粉块

橙黄垂芳兰 *Ada aurantiaca*

属特征：花被片闭合，先端展开；萼片近同形，渐尖，侧萼片基部稍偏斜；花瓣与萼片同形，但略短；唇瓣伸长，不裂，与合蕊柱平行，基部合生；唇瓣双膜质，与线状截形的附属结构合生；花粉块2枚，蜡质，后侧具沟；花粉块柄短，卵形；粘盘圆形；花药膨大，不具冠毛。——附生草本，分布于美洲热带地区，生境与长萼兰属相似；花葶下有两枚鳞片；花序圆柱状，不分枝，苞片膜质；花黄色。

本种特征：附生；假鳞茎长约4英寸[1]，略呈圆筒状，锥形向上生长，顶端着生1—3枚叶片；叶片宽线形，长4—6英寸，基部被带红棕色斑点的鳞片；花葶下垂，长8—10英寸，具苞片；穗状花序椭圆形，下垂，在本文所参照的标本中，十分稀疏地着生十朵二列分布的花，花金橘色；子房细长，棒状，基部覆以披针形钻状的干膜质苞片；花被片只在上半部分展开；萼片披针形，先端渐尖；花瓣与萼片类似但更小；唇瓣长度近花被片的一半，阔披针形，急渐尖，顶部着生一片具褶的膜，形状也为阔披针形，长约唇瓣的一半，边缘中间部分具不规则锯齿；合蕊柱短且壮，基部正面具凹陷；花帽小，半球形；花粉块2枚，倒卵形，位于从粘盘上伸出的楔形花粉块柄上。

1864年1月，这种非常稀有的垂芳兰在奈普斯利（Knypersley）第一次绽放出花朵。它的原产地在新格拉纳达（New Granada），最初是由施力姆先生（Schlim）在潘普洛纳（Pamplona）海拔8500英尺[2]的地方发现的。目前，人们只能通过林德利博士《兰花叶片》（*Folia Orchidaceae*）一书的描述来了解它。在林德利的书中，它被划分为一个新属："它与长萼兰属主要形态特征差异包括以下几点：一是唇瓣合生且膜质；二是唇瓣和合蕊柱平行，与合蕊柱基部紧密结合；三是合蕊柱长度是其他长萼兰属植物的2倍，基部薄刃状；四是花粉块柄短，呈倒卵形，粘盘为圆形。"这是一种适应寒冷环境的兰花，容易栽培（种在盆中），不同季节都可自由绽放。

1　1英寸 = 2.54 厘米。

2　1英尺 = 30.48 厘米。

1. 叶顶端和花序的主要部分（图片对整个植株进行了很大程度的缩小）

2. 花粉块

象牙彗星兰 *Angraecum eburneum*

属特征：花被片展开；萼片和花瓣近相同，离生；唇瓣无柄，与合蕊柱基部合生，肉质，不裂，甚宽于花瓣；距直伸，无角，常近圆柱形，甚长于花被片，偶呈倒圆锥状；合蕊柱短，近圆柱状，少延伸成半圆柱状；花药2室，截形；花粉块2枚，2裂；花粉块柄短、窄；粘盘三角形。——附生，具茎；叶片革质，舌状，先端偏斜；花单生或生于总状花序上，白色，或柠檬黄色或草绿色。

本种特征：植株高约2英尺；茎除最基部外都着生叶片；叶片大，二列着生，具鞘，具光泽，带条纹，顶部向一侧偏斜，下半部中脉突出；从下部叶片之间的茎上有很多肥壮的幼根垂下；总花梗近于茎基部，高于最长的叶片，具鳞状鞘，其上着生一串绿白相间的大花；花二列，或唇瓣朝向一边地背对背地着生；萼片和花瓣绿色，披针形，充分展开；唇瓣极大，阔心形，象牙白色，薄且肉质，中间凹陷，并形成一条隆起的顶部裂开的脊，先端急剧渐尖；合蕊柱粗壮，

绿白相杂；花药半球形，紧紧附着在药床[1]上；花粉块2枚，大小相近，2深裂，黄色，楔形，蜡质，具一个狭窄的花粉块柄，从一个带细管的三角形粘盘上伸出；柱头中间凹陷成一个孔，隐于药床下方。

仅用这小小篇幅来介绍这种美丽高贵的兰花显然是有失偏颇的，在本文中我只能重点介绍一下整体植株和它的叶片，以及自然状态下花序的一些特征。象牙彗星兰在邱园已故的克罗斯先生（Clowes）的苗圃里有栽培，冬季开花，花开后长时间不谢。它的原产地是马达加斯加和波旁（Bourbon），目前仍然相当珍贵。第一棵象牙彗星兰植株是由园艺学会的收藏家福布斯先生（Forbes）从马达加斯加岛引入的。象牙彗星兰和长距彗星兰（*A. sesquipedale*）生长在一起，我们或许可以通过埃利斯先生（William Ellis）关于马达加斯加作品中的插画一睹它们的芳容。和长距彗星兰一样，象牙彗星兰也只能在很热的环境下生长。

1 林德利博士对花粉块柄和隐藏的柱头的结构做了分析后发现："这种植物为之前《自然》杂志上所提及的结构提供了一个典型例子。这种结构避免了花粉与柱头表面的直接接触，巧妙地用另一种方式将两者间接联系，以使受精过程能够顺利地进行。花粉被包裹在花药中，紧紧地与合蕊柱顶端联合，或许只有靠外力才能将它们分离开来，而柱头则位于合蕊柱的表面，与花粉相距甚远。为了确保这两者能够结合，从合蕊柱顶端柱头边缘处伸出了狭窄的一个小条块，逐渐与周围的组织分离，一直延伸到花药下面，花药表面沿着中心裂开并向两边收缩，使花粉块得以黏附在狭窄的小条块上，这就是所谓的花粉块柄。与此同时，柱头边缘前面延伸出一个三角形的结构，与花粉块柄黏附在一起，重建了两者之间必要的直接联系，受精之后便与花粉块柄分离，称为粘盘。"——原注

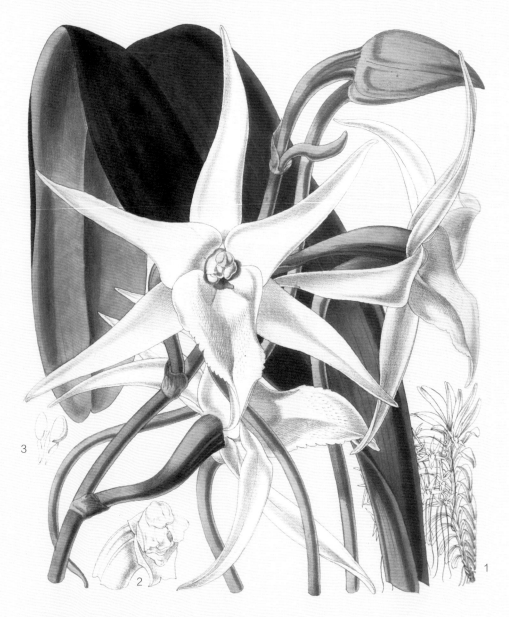

本图版展示了自然大小的叶片及花梗上部，花梗上具自然大小的花。

1. 经大幅压缩后的植株

2. 子房先端、合蕊柱和花药

3. 花粉块

长距彗星兰 *Angraecum sesquipedale*

属特征：参阅前文。

本种特征：植株（包括叶片）高不过 2 英尺，以致花朵有时可与植株等长——仅具 1—2 个分枝，通过瘦长而结实的纤维附着于树干上；叶片密集，对生，开展，椭圆形，反卷，暗绿色，基部厚且肉质，覆瓦状且具龙骨；总花梗生于叶腋，着生 2—5 朵花；花巨大，象牙白色，具芳香，每朵互成一定角度；子房基部具一宽卵形的彩色苞片；萼片和花瓣同等程度展开，形态相近，长 3 英寸，基部较宽，向上渐尖，略呈肉质；唇瓣大小与萼片和花瓣相同，卵形，基部心形，渐尖，在两边近中间处具不规则的糙锯齿，从唇瓣基部下延形成距；距极长，长 1 英尺，圆柱状，渐狭，绿色；合蕊柱极短粗，柱头两侧各具一片宽波状的翅，几乎掩盖了整个合蕊柱；药帽盔状，白色，边缘窄，橘色；花粉块 2 枚，卵形，波状，均附着于粘盘上，粘盘略呈线形。

长距彗星兰原产于马达加斯加，和象牙彗星兰同样漂亮，两者之间只存在极其微小的差别。在著名旅行家和历史学家埃利斯先生遇见其活体植株之前，植物学家们都只能从图艾尔（Aubert du Petit-Thouars）大约在 1822 年出版的书里看到它的绘图。埃利斯是在最后一次从那座奇妙的岛屿返回的途中遇见长距彗星兰的，它在他的庄园里开了两次花——第一次是在 1857 年，当时《园艺纪事》（*Gardener's Chronicle*）对它做了生动有趣的描述并配了图；第二次是在 1859 年冬天，在他位于赫特福德郡（Herts）霍兹登市（Hoddesdon）的住宅里，而这也是《柯蒂斯植物学杂志》里插图的来源。我们并没有引用他们的插图，因为即使是最初图艾尔的图画也没能确切地体现它的独特之处——大到惊人的花朵和极长的距。而这一特征，也是人们给它命名的依据。我们绘图所参考的长距彗星兰直径达 7 英寸，距有 1 英尺长。这样一来，如果距是生于花的边缘而不是中间，那花就更大了。长距彗星兰的花一律为纯净的象牙白或黄白色，而更为人们津津乐道的是它的香气，那是和花园白百合——圣母白合（*Lilium candidum*）一样的芳香气味。埃利斯先生在穿梭于当地森林的旅途中，一直默默关注着长距彗星兰。这位附生于树干上的兰花王子不止一次出现在他的相机里。他也常常看着这些照片素描和欣赏。除花期外，长距彗星兰需要一直放在东印度公司大楼里栽培。它是最容易管理的兰花之一，通常在隆冬时节开花，花朵繁茂。某些标本中，仅在一条茎上就有 6—7 个总状花序，每个花序上具 3—5 朵花。长距彗星兰的繁育和引种还十分困难，因此仍然很稀有。

1. 唇瓣

拉克郁香兰 *Anguloa ruckeri*

属特征：花近球形，不开展；侧萼片呈交替的覆瓦状，基部非常凹陷，不具延伸的距，交替处有时在前面有时在后面，萼片同形，基部平伸；花瓣与背萼片相同或相似；唇瓣革质，具爪，3裂，瓣片肉质，宽，平展，中部向上扩大，先端似二唇形；合蕊柱圆柱形，棒状，离生；药床或无芒，或条裂延伸，或往两侧延伸；花药盔状，裂片膜质，或条裂扩展并延伸；花粉块4枚，扁平，每个同形，花粉块柄长线形，粘盘膨大。

本种特征：总花梗上仅着生1朵花，基生，具鳞片，基部具覆瓦状的鞘；萼片近圆形，具细尖，在圆形的接合处钝；唇瓣3裂，具细尖，侧裂片钝，近同形，中裂片具疏毛，漏斗状，二唇形，唇上交替地具凹缺或具3齿；合蕊柱全缘。

对拉克郁香兰最初的描述来自林德利博士，它最显著的特征是花底色为黄色，且在花被片和深红色的唇瓣上具深色斑点。我们这里所绘制的拉克郁香兰植株是由罗利森先生（Rollison）栽培的。这个类型在《园艺纪事》中曾有记录，其花朵只有唇瓣具黄色的底色和红色斑点，而花被片内部则是一整片深红色。拉克郁香兰花的大小、颜色和形状都格外引人注目，与克氏郁香兰（*A. clowerii*）黄色的花朵形成鲜明的对比，但它们仍有许多十分相似的特征。

上述两种兰花，再加上开白花的单花郁香兰（*A. uniflora*），组成了一个十分有趣和奇妙的群体。它们都产自哥伦比亚，生长在树荫下的腐殖土中，这也是在栽培它们时应该谨记在心的一点。另外，它们需要较大的花盆和适中的温度。它们一般在初夏时节开花，在拉克先生的葡萄树下，这三种兰花随风摇曳，各展风采。

1.合蕊柱和唇瓣　2.唇瓣正面　3.花粉块

独花郁香兰 *Anguloa uniflora*

属特征：参阅前文。

本种特征：假鳞茎聚生，瘦弱，椭圆形，具犁沟，幼假鳞茎具鞘，被绿色膜质的大鳞片，鳞片逐渐发育成真叶片；叶片3—4枚，宽椭圆形或披针形，急尖，膜质，具条纹；花梗或花葶生于假鳞茎基部，近与叶片等长，具苞片，苞片绿色，膜质，鞘状，在最顶端处的苞片上着生一朵大花；萼片与花瓣均肉质，萼片卵形，渐尖，先端凹陷，两个下萼片或侧萼片在下基部近兜状，花瓣形状与萼片相似，但更狭小；花淡黄色，主要渲以粉红色及粉红色的斑点；唇瓣因边缘内卷而近似圆柱状，与合蕊柱等长，3裂，黄色中缀以粉色的斑点；侧裂片近圆形，先端极钝；中裂片位于侧裂片形成的沟中，窄条状，外卷，占据唇盘位置的瓣片顶端2裂，并微突于两个唇瓣侧裂片形成的沟外；合蕊柱圆柱形，棒状，其顶端或药床具两个钻状突起。

备受关注的郁香兰属目前只有三个物种，且都产自新格拉纳达，即克氏郁香兰、拉克郁香兰和独花郁香兰。这里讲述的是最后这个物种，与前面两者的唯一不同之处在于花的颜色。此处绘图植株中花及其色斑均为胭脂红色。独花郁香兰有很多变种，花的大小、颜色都有差异。所有郁香兰属植物均为陆生兰，应栽培在兰花室中背阴的地方。它们只在生长季需要中等的温度，其余时候都应放置在较阴凉的环境中。拉克先生发现，把它们放在葡萄下栽培最合适，但具体应该在什么季节种植仍是一个问题。

1. 花侧面

鸟舌兰

Ascocentrum ampullaceum

[*Saccolabium ampullaceum*]

属特征：缺。[1]

本种特征：一种矮小的兰花，高不过6英寸，茎通常不分枝；叶片极厚，仅一拃长，二列，舌状，边缘近平行，叶背具龙骨，叶表具沟，先端截形，具不规则锯齿；花朵深玫瑰色，着生于总状花序上；总状花序腋生，直立，椭圆状，甚短于叶片；花柄和子房总长约1英寸；萼片和花瓣近同，卵形，平展，色彩艳丽；唇瓣线形，长度约是萼片两倍，镰刀状，具沟，急尖，顶端向上，具距，距扁平，直而细长，近与花柄等长；唇瓣基部具两枚细齿，紧贴合蕊柱基部并与其平行；合蕊柱短，前端具一空心的小柱头。

鸟舌兰是一种花朵小巧紧凑而又优雅的植物，也是囊唇兰属目前已知种类中最与众不同的。林德利博士早在1838年就对鸟舌兰做了描绘，但他的插图则是临摹于东印度公司的一件绘画作品。一些鸟舌兰植株在引进后很快就"名花有主"，其中一株在查茨沃斯（Chatsworth）开了花，其画作出版在了《帕克斯顿的植物学》杂志（*Paxton's Magazine of Botany*）上。它一直极其稀有，直到赫罗公司（Hugh Low & Co.）从一个印度的栽培者那里得到一批植株。本文的绘图来自一株1866年5月在邱园开花的鸟舌兰。

鸟舌兰原产地为锡尔赫特（Sylhet），是由洛克斯堡博士（Dr. Roxburgh）的通讯员在树上发现的。瓦里茨博士（Dr. Wallich）曾在贝母斐帝（Bemphedy）附近发现过它，而在锡金，胡克博士（约瑟夫·道尔顿·胡克，Joseph Dalton Hooker）和汤姆森博士（Dr. Thomson）也栽培这种兰花。无论是在印度还是在我们的花园中，鸟舌兰都是在春季开花。它生长很慢，很少有分蘖，但很好管理。它明亮的玫瑰色花序肆意地绽放，无出其右，煞是迷人，而且开放的时间很长。

1　在原书中，贝特曼将鸟舌兰划入了囊唇兰属（*Saccolabium*），鸟舌兰属的主要特征概述如下：附生草本，具多数长而粗厚的气根和短或伸长的茎。叶数枚，二列，半圆柱形或扁平而在下半部呈V形对折，先端锐尖或截头状而带不规则的2—3个缺刻，基部具关节和扩大成抱茎的鞘。花序腋生，直立或斜下而外伸；总状花序密生多数花；萼片和花瓣相似；唇瓣贴生于蕊柱基部，3裂；侧裂片小，近直立；中裂片较大，伸展而稍下弯，基部常具胼胝体；距细长，下垂，有时稍向前弯；蕊柱粗短，无蕊柱足；蕊喙短，2裂；花粉团蜡质，球形，2个，每个在顶端具1个裂隙；粘盘柄狭带状；粘盘较厚，约为花粉团的一半。

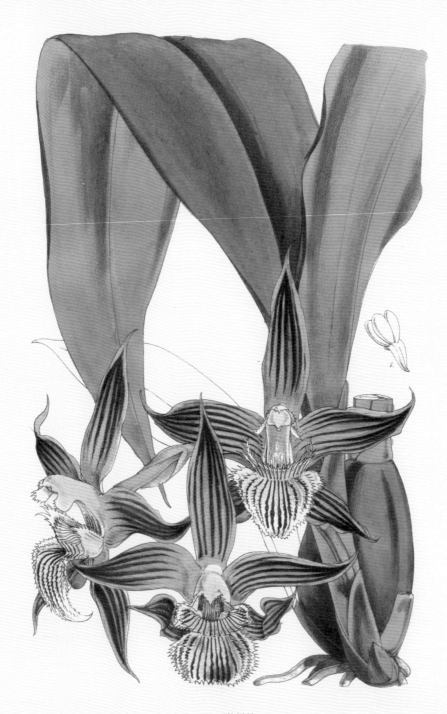

1. 花粉块

大花抚稚兰

Batemannia grandiflora

属特征：花开展；萼片开放，侧萼片具爪，基部同形；花瓣比萼片宽，基部偏斜，基部与延伸的合蕊柱合生；唇瓣与合蕊柱结合，3裂，兜状；合蕊柱半圆柱状，基部延伸，药床具边；花药小，2室，膜质；花粉块2枚，后部2裂，粘盘三角形，花粉块柄状。

本种特征：假鳞茎卵形，具深沟，有光泽，长2—3英寸，着生2枚叶片；叶片大，宽披针形，革质，先端锐尖；花葶甚短于叶片，着花3—5朵；萼片3枚，大小相同，披针形，先端极锐尖，充分开展，橄榄绿，具红棕色条纹；花瓣较小，稍肉质，基部宽；唇瓣具一短爪，与合蕊柱基部合生并凹陷，唇瓣3裂，中裂片最大，边缘流苏状，急渐尖，白色中具紫色条纹，基部具橘色的胼胝体；合蕊柱拱形，具膜质边缘和截短的小齿状翅；花药2室；柱头凹陷，前端具1粘盘，粘盘卵形，顶端渐狭成尖喙状；花粉块4枚。

抚稚兰属（*Batemannia*）是由林德利教授30多年前以本人（贝特曼）的名字提出的。抚稚兰属的第一位成员是产于迪麦那亚（Demerara）的 *B. colleyi*，第二位是产于巴希亚（Bahia）的 *B. beaumonti*，还有两个种目前已经被莱辛巴哈（Reichenbach）教授划分到缟狸兰属（*Galeottia*）（分为 *G. fimbriata* 和 *G. grandiflora*）。[1]缟狸兰属具4枚花粉块，而抚稚兰属只有2枚，除此之外两者十分相似。抚稚兰属的第5位成员，名为 *B. meleagris*（原为林德利博士提出的 *Huntleya meleagris*）。虽然我认为将它从洪特兰属（*Huntleya*）中独立出来是很明智的，但又觉得放到抚稚兰属有些不妥。因为它的生境更近似一种东方产的万代兰，与抚稚兰属的完全不同。

大花抚稚兰是一种十分秀美的兰花，许多年前就被林登（Linden）从新格拉纳达引进，但仍然十分稀有。1865年春天，我们按照来自拉克先生声名远扬的收藏馆里的一株大花抚稚兰绘制了此画。在新格拉纳达，大花抚稚兰的海拔（大约4000英尺）比同属其他大多数兰花的要低，因此它需要的温度比目前大多数所谓的"冷兰花"的要高得多。

1　即本文中的 *Batemannia grandiflora*，现在大多数分类系统中将大花抚稚兰列为缟狸兰属。本书中为了体现贝特曼先生对兰花研究的贡献，仍沿用 *Batemannia* 这一属名。

1.子房、合蕊柱和唇瓣　2.唇瓣下面

3，4.花粉

网脉石豆兰

Bolbophyllum reticulatum

属特征：萼片直立，渐尖，近同形，侧萼片与蕊柱足合生，基部偏斜；花瓣小，稀与萼片近同形；唇瓣与蕊柱足合生，具爪，常全缘，向后伸展；合蕊柱短，先端具两齿或两角；花药1室或2室；花粉块4枚，离生，各不相同，有时整体黏合，有时各自相互黏着，一对中总有一个具小耳叶。——附生草本；根茎匍匐，具假鳞茎；叶片革质，无脉；总状花序基生。

本种特征：根状茎匍匐延伸，不分枝或具少量分枝，密被覆瓦状排列的鳞片，鳞片宽卵形，急尖，棕色，干膜质；假鳞茎单生，散布，卵圆形，长约1英寸；单叶着生，叶基被2—3枚鳞片，类似根状茎上的鳞片但较大；叶片大，长3—5英寸，卵状心形，渐尖，具脉纹，纵向和横向的脉纹均为深绿色，在淡绿色的叶片上形成漂亮的网脉；叶柄短，粗壮；总花梗生于假鳞茎基部，短且粗壮，弯曲，长1—2英寸，被卵形渐尖的苞片，着花2朵；花直径1.25英寸，外表灰白色，内表白色，内表萼片和花瓣上具清晰的红紫色条纹（有时分解成斑点）；萼片弓形，背萼片卵状披针形，渐尖，侧萼片基部更宽，略呈镰刀状并下弯；花瓣与背萼片相似，但更小更渐尖；唇瓣塔状，外曲，心形，基部具外曲的叶耳，肉质化高，具紫斑，爪细长。

小巧的花朵、萼片和花瓣上优雅的条纹，极其迷人的网脉大叶片，成就了漂亮且独一无二的网脉石豆兰。毫无疑问，它算得上是石豆兰属中的佼佼者。托马斯·罗布（Thomas Lobb）先生在婆罗洲[1]发现了它。1866年8月，在伟大的收藏家维奇（Veitch）先生的雇员的精心照顾下，网脉石豆兰在国王路（King's Road）的皇家异域苗圃（Royal Exotic Nurseries）中绽放。无论是在邱园的林德利标本室还是胡克标本室中都找不到和网脉石豆兰相似的兰花，这无疑是在向我们暗示，只要你肯再攀登，在婆罗洲的丛林里，还有无数的宝贝兰花正等着被发现。

1　即加里曼丹岛。

1.合蕊柱、唇瓣和距侧面　2.合蕊柱正面　3.花粉块

美花伯灵顿兰 *Burlingtonia decora*

属特征：花被片膜质，卷曲，倾斜；萼片舌状，短，基部与花瓣分离，侧萼片基部凹陷，与背萼片合生；花瓣平行伸出，与萼片同为舌状，但更宽；唇瓣具爪，基部二裂且具角，或无角，与合蕊柱平行，先端膨大，爪具小管；合蕊柱圆柱状、长棒状，有时尖端具彩色的附属结构；药床背生，柱头两侧具角；花药仅1室；花粉块2枚，向外弯；花粉块柄近有翅，具弹性，附着生长。——附生草本，假鳞茎上着生1—2枚叶片，叶片基生。

本种特征：茎伸长且丛生；假鳞茎卵形，扁平，单叶着生；萼片和花瓣白色，并具玫红色斑点，急尖，萼片的爪长于花瓣，距全缘，合蕊柱尖端具两个镰刀状的耳状附属结构。

这种美丽的伯灵顿兰属植物具有许多变种，本图绘制的是由赫罗公司从巴西引进的，是最美的变种之一。它和雷吉达伯灵顿兰（*B. rigida*）有相似的生境，但假鳞茎聚合程度比后者高，也更容易开花。所有伯灵顿兰属的植物都应在浅的罐状或锅状容器中栽培，只需装一些苔藓和陶瓷碎片，这样它们长长的根系才能自由伸展，然后放在院子里或悬在半空。如果悬在半空，那一定要保持湿润的环境，尤其是在生长季。这样一来，它们就可以自由地生长和开花了（雷吉达伯灵顿兰除外）。它们大多数花期都在夏季，但仍有不少是一年四季都开花的。与石斛属一起栽培时它们的生长状况最佳，它们需要的适宜温度比卡特兰属略高，比东印度的气生植物和非洲的彗星兰属略低。

美花伯灵顿兰

1.合蕊柱、唇瓣和距　2.合蕊柱和唇瓣基部　3.花粉块

紫花虾脊兰　*Calanthe masuca*

属特征：花被片伸展，离生，或侧萼片稍合生，近同形；唇瓣与合蕊柱合生，分裂或全缘，有距或无距，唇盘上具薄片或小管；合蕊柱短，蕊喙常呈喙状；花粉块8枚，基部很薄，每4枚为一群相互黏着。——地生草本；花葶直立，多花着生；叶片宽，具褶；花白色或淡紫色，稀深黄色。

本种特征：陆生草本；叶大，草绿色，长圆状披针形，基部渐狭，先端渐尖，具褶边和条纹；花葶直立，高1英尺半，通常短于叶片，圆柱状，光滑，顶部具一总状花序；花序上多花着生，花紫色，漂亮；花苞片大，钻状至披针形，膜质，上部苞片彩色；萼片与花瓣相似，长圆形，渐尖，向外展开；唇瓣3裂，深紫色，侧裂片线状长圆形，近镰刀状，中裂片宽楔形，唇瓣基部下延成一狭长的距，距一侧具沟，顶端2裂，唇瓣基部的唇盘上具5列波状疣粒，疣粒横向分隔；合蕊柱极短；花药沉没至合蕊柱的一个深孔中；花粉块8枚，排成两列，基部纤细。

按照林德利博士所说的，紫花虾脊兰原产于尼泊尔、孟加拉和斯里兰卡，甚至还可能分布于爪哇。1842年，图庭（Tooting）苗圃的罗利森先生栽培的紫花虾脊兰开出了花。尽管它是一种美丽且引人注目的兰花，但至今还没有关于它的绘图。我们眼前所展示的紫花虾脊兰植株来自邱园，在那里湿热的环境下，紫花虾脊兰能够自由地生长和绽放。

1. 合蕊柱、距和子房　2. 花粉块

维奇虾脊兰　*Calanthe veitchii*

由 *C. vestita* 和 *Limatodes rosea* 杂交而来。

下面这段对维奇虾脊兰的描述来自 1859 年的《园艺纪事》第 1016 页：

在所有通过杂交得到的兰科植物中，这种稀奇的兰花是最特别的。它的花葶簇生，长 1.5 英尺，上面开满了不同深浅颜色的花，花为最艳丽的玫瑰红色。多米尼先生（Dominy）通过将一种开有艳丽的玫瑰红色花的印度兰花（*L. rosea*）与一种唇瓣基部有深紫色斑点的白色虾脊兰（*C. vestita*）杂交，从而得到了这个精灵。杂交的结果可谓令人称奇——尽管这个杂交种也是完全处于两个亲本的中间状态，但相对于其父本来说，它和母本更相像。它从父本那里遗传了它的生长习性和独特的四裂唇瓣，而从母本那里不但遗传了艳丽的色彩，还有唇瓣的其他特性，以及完全相同的合蕊柱的结构。

以下对三者的比较将为我们做更深入的诠释：

A. ——*C. vestita*：雄性植株；①假鳞茎肉质，锥形，棱角分明；②距弯曲；③花白色，唇瓣基部具深紫色的斑点；④萼片和花瓣单边生长；⑤唇瓣附着在合蕊柱上生长，基部扁平，4 深裂；⑥合蕊柱深且大，扁平状，十分光滑；⑦花粉块 8 枚，深黄色，附着生长着两条分离的光滑的肩带。

B. ——*L. rosea*：雌性植株；①假鳞茎窄状，与茎相似；②距直生；③花一律为清晰的玫瑰红；④萼片和花瓣两侧均匀分布；⑤唇瓣与合蕊柱分离生长，基部卷曲，不裂；⑥合蕊柱小，圆柱状，背部被茸毛；⑦花粉块 8 枚，鹅黄色，附着生长着两条合生的粗糙的肩带。

维奇虾脊兰：前两者的杂交种；①假鳞茎和 A 一样；②距和 B 一样，但更长；③花和 B 一样；④萼片、花瓣和 B 一样；⑤唇瓣、合蕊柱位置和 A 一样，但基部和 B 一样卷曲；⑥合蕊柱和 B 一样；⑦花粉块和 B 一样。

绘图所用的这个标本来自和维奇父子的交流。他们培养出了好几种有颜色差异的品种，这些品种成为了黯然无色的 9、10 月份的兰花园里最赏心悦目、最受欢迎的点缀。这种植物的幼苗和它的两个亲本一样，都不用太花心思去照顾——不用说，这自然是兰科植物中最好管理的了。

1. 合蕊柱　2. 花粉块　3. 唇瓣

阿克兰卡特兰　*Cattleya aclandiae*

属特征：萼片膜质或肉质，开展，同形；花瓣常较大，唇瓣兜状，包裹着合蕊柱，3裂或不裂；合蕊柱棒状，细长，半圆柱状，边缘与唇瓣结合；花药肉质，4室，有7个边缘膜质；花粉块4枚，花粉块柄皆反折。——附生草本；分布于美洲；具假鳞茎；叶片单生或二列排列，革质；花顶生，漂亮，常从佛焰苞中伸出。

本种特征：假鳞茎形态似茎，基部分枝，圆柱状，长4—5英寸，具条纹，具节，节上具膜质的佛焰苞；假鳞茎顶端着生2枚叶片，叶片厚，肉质，椭圆形，先端钝；总花梗生于2枚叶片中间，着生两朵非常漂亮的大花；萼片与花瓣形态相同，向外展开，两两相对，长1/4英寸，倒卵状披针形，肉质，黄绿色，在上部和内表面具明显的紫黑色的大斑点，外表颜色稍浅；唇瓣向前伸出，比萼片和花瓣大得多，提琴形，基部狭窄并向外展开，侧裂片很小，以致不能像本属的其他物种那样将合蕊柱包围，唇瓣中部具凹槽，并由此向边缘扩展成肾形，先端微凹；唇瓣整体呈淡紫色，脉络颜色略深，唇盘上具一黄色条带；合蕊柱与唇瓣平行，倒卵形，紫黑色，边缘向外扩展形成两片翅状结构；药帽在药床的两片锯齿或小裂片间下陷；花粉块与同属其他兰花的形态相同。

阿克兰卡特兰是魅力无穷的卡特兰属中最具魅力的种类之一，林德利博士以德文郡基乐顿的阿克兰女士（Lady Acland）的名字为它命名。正是这位让人怀念的女士，把它从巴西引了进来，而《植物绘本》（*Botanical Register*）中关于它的描述也是源于阿克兰女士的一幅画。从那以后，巴西帕拉伊巴（Paraiba）善良的韦瑟罗尔先生（Wetherall）把它从巴希亚州送到了邱园。阿克兰卡特兰可爱的花朵颜色各异，唇瓣的结构也异乎寻常——基部非常狭窄，并极度向外展开，以致合蕊柱几乎裸露在外面，这种独特的结构使它成为了这个属最独特的物种〔和两色卡特兰（*C. bicolor*）一样〕。阿克兰卡特兰初夏开花，所需的生长环境和其他大多数卡特兰一样。

阿克兰卡特兰

1.合蕊柱

秀丽卡特兰　*Cattleya dowiana*

属特征：参阅前文。

本种特征：假鳞茎高 0.67—1 英尺，基部细长，上部急剧膨大，具沟；每个假鳞茎上着生 1 枚叶，叶厚，椭圆形，长 1 拃至 1 英尺，宽度在属中居上；总花梗着花 2—6 朵，极其肥壮，长约 6 英寸，生于一比其略短的佛焰苞上；花极大且漂亮，完全张开直径近 7 英寸，除唇瓣外均为淡黄色；萼片披针形，急尖，无柄，边缘光滑；花瓣宽于萼片 2 倍，近与唇瓣等长，先端略钝，边缘深波状；唇瓣椭圆形，卷曲，大且突出，深紫色且具茸毛，从中心辐射出漂亮的金色不均匀条纹，并在唇瓣中心与纵向伸出的 3 条金线相交；唇瓣不明显 3 裂，侧裂片卷成圆形，近将合蕊柱包围；中裂片极大，顶端微缺，边缘极度卷曲；合蕊柱长度不足唇瓣的 1/3。

沃兹赛维克斯先生最先在哥斯达黎加发现了这种独特的卡特兰，并将其引进到英国。但就在它快到达时却发生了糟糕的事情，最终死掉了。而随着这些植株一起带过来的干标本不知道被放到哪里去了，又或者是损坏了，以至于在过去的十年中，我们一直怀疑，这位经验丰富的旅行家口中这种漂亮到无可比拟的秀丽卡特兰是否真的存在。而同时，另一种兰花也以他的名字命名，极容易导致与现在的秀丽卡特兰相混淆。虽然这种兰花的分类地位目前仍存在争议，但无论它是否只是委内瑞拉卡特兰（*C. mossiae*）的一个变种，对我们眼前这种两页纸都画不下的秀丽卡特兰来说，它们必定是两个完全不同的物种。

让兰花爱好者们感到欣慰的是，1864 年，阿尔赛先生（Arce）发现了一株和沃兹赛维克斯先生最初所描述的秀丽卡特兰相同的植株。阿尔赛是一个狂热的博物学家，他为萨尔文（Salvin）和斯金纳（Skinner）先生工作，主要内容是在哥斯达黎加物种最丰富的区域收集各种鸟类、昆虫和植物。维奇父子的公司买下了他带回来的秀丽卡特兰植株。1865 年秋天，其中一株在切尔西的庄园中首次绽放出了花朵。费奇先生画中的秀丽卡特兰的确很漂亮，或许野外的秀丽卡特兰更加漂亮，因为维奇先生收藏的原产地的植株标本中有些个体一个花葶上的花可达五六朵。

秀丽卡特兰的花呈淡黄色和紫色，和其他任何卡特兰都完全不同，但仅有颜色上的差异还不足以作为该物种在植物学上的分类依据。它与委内瑞拉卡特兰的许多变种在花的形态上非常相似，曾有那么一瞬间，我在想是否秀丽卡特兰有可能不是一个独立的物种，就像哈特维格（Hartweg）在瓦哈卡州（Oaxaca）发现的 *C. pallida* 最终和卡特兰（*C. labiata*）难以区分一样

（参阅下文中的四色卡特兰）。然而最近，当我抓住机会去查看了更多的标本之后，我坚定地相信，秀丽卡特兰和卡特兰属的其他所有兰花都是不同的。它值得以道船长（J. M. Dow）的名字来命名，这位英勇的军官服务于美洲邮政公司，在太平洋海岸的航程中，他经常遇到一些英国博物家和科学研究者，并无私地为他们提供帮助。我很荣幸能用他的名字来为这种兰花命名，以此作为微不足道的报答。

秀丽卡特兰非常容易栽培，但卡特兰室最暖和的位置似乎才最适合它。

优雅卡特兰

× *Sophrocattleya elegans*

[*Cattleya elegans*][1]

属特征：参阅前文。

本种特征：假鳞茎圆柱形，似茎，伸长；叶片二列或单枚着生；花葶线状长圆形，革质，具2—10朵花；萼片椭圆形，急尖，花瓣阔披针形，急尖；唇瓣3裂，侧裂片伸长，先端钝，包裹着合蕊柱，中裂片尖端宽，横向伸展，近爪状或微凹，波状至深波状，基部平滑。

1852年秋天，约克苗圃的柏克豪斯（Backhouse）先生将优雅卡特兰从巴西的圣凯瑟琳（St. Catharine）地区引进，成为卡特兰属新成员，已经由根特（Ghent）的莫伦教授（Morren）发表了。本种的萼片和花瓣的大小、颜色变异幅度均很大，有时为淡紫色，有时又是深玫瑰色。花葶上着生的花朵数量也有差异。不过，这些差异主要归因于栽培环境和方法的不同。拉克先生栽培的卡特兰总是欣欣向荣，他栽培的优雅卡特兰茎高可达2英尺，具2枚叶片，挤满了花朵，花朵数量至少有一打。优雅卡特兰是一个迷人的物种，且很好管理。

1　本种是杂交种，现在的学名一般为 × *Sophrocattleya elegans*。

　　　　　　　　　　　　　　　　　　优雅卡特兰

1. 合蕊柱　2. 花粉块

林德利卡特兰 *Cattleya lindleyana*

属特征：参阅前文。

本种特征：假鳞茎似茎，伸长，聚生，圆柱状，具节，节上被苞片或佛焰苞，白色，仅着生2枚叶片；叶片线形至披针形；花成对着生或单生，顶生，近与花梗等长；萼片线状披针形，花瓣与萼片相似，比萼片宽，白色；唇瓣大，不明显3裂，淡白色中具黄色和紫色色调，中裂片近圆形，具凹陷，中部具紫色的线条和斑纹。

林德利卡特兰是一种非凡的卡特兰，1863年由威廉斯先生（C. H. Williams）从巴希亚送到邱园。其花期在秋季，一条茎上很少看到一朵以上的花，花可持续开放较长时间。它需要栽培在具有极高温度的卡特兰室中，在那里它能迅速长成密集而整齐的一丛。

林德利卡特兰

大花卡特兰　*Cattleya maxima*

属特征： 参阅前文。

本种特征： 假鳞茎聚生，形成圆柱状或略侧扁的茎，长 1 英尺或更长，具鞘，鞘片长，鳞状，膜质，具条纹，顶端着生 1 枚叶片；叶片长椭圆形，革质，长 8 或 10 英寸，宽 2—3 英寸；总花梗发于一缩合的膜质鞘片；一个复总状花序上具 3—12 朵或更多的花，花极大，格外俊美；子房很长，棒状，具柄；萼片展开，狭披针形，先端渐尖，光滑，在一些变种中为淡玫瑰色，在另一些变种中为深玫瑰色；花瓣同等程度展开，比萼片宽很多，波状，颜色与萼片相同；唇瓣极大，下部（或侧裂片）卷成管状，中裂片大且开展，先端卷曲；管状裂片底色为白色，在唇盘或中心处具一橘色条纹，并从条纹旁向唇瓣边缘伸出许多具分枝的紫色线条。

这株极好的大花卡特兰在已故的法默先生（W. G. Farmer）的精心照顾下，于 1855 年秋天在萨里（Surrey）的无双公园（Nonsuch Park）里绽放出了花朵。虽然大花卡特兰最早是由林德利博士从哈特维格的庄园中绘图并描述的，但毫无疑问我们眼前这株也是一株典型的大花卡特兰。大花卡特兰的原产地是瓜亚基尔（Guayaquil）和哥伦比亚。本种在许多重要特征上都与委内瑞拉卡特兰、卡特兰本种十分相似，主要的不同之处在于它具长凹槽的假鳞茎，以及深波状的花瓣，这与后两种十分宽大且平展的薄花瓣很不一样。法默先生的大花卡特兰花序上开出了 7 朵完整的花朵，唇瓣为灰白色，几近白色，唇盘上具有一条橘黄色的条纹和精致的紫色网状纹理。萼片和花瓣比林德利先生所描述的要更白，但它们在大小和颜色上都不如后来由柏克豪斯先生从秘鲁引进的一些植株好，后引进的这些有相当多的植株一次能开 12 朵花以上。

大花卡特兰生长所需要的热量比这个属其他兰花要少很多，但是它们在所谓的"冷兰温室"（cool-orchid houses）中却几乎不能幸存。它通常一年具两个生长期，在其中的一个生长期开花，或是两个生长期都开花，通常在 10 月和 11 月。

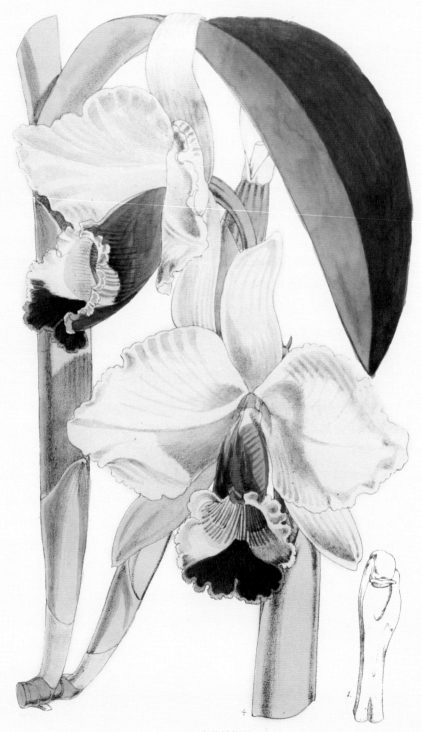

1. 合蕊柱侧面

四色卡特兰　*Cattleya quadricolor*

属特征： 参阅前文。

本种特征： 茎假鳞茎状；长0.5—1英尺，直立，比同一类群其他兰花的茎更狭窄、更扁平；每条茎上仅着生一枚叶，狭带状，先端急尖，一般长约10英寸；花梗从一个大的佛焰苞中伸出，着生1—2朵花；花直径约4英寸，开放度比同属的其他物种略小；萼片纯白色，长圆状披针形，先端钝圆；花瓣也为纯白色，匙状，宽为萼片的4倍；唇瓣不裂，兜状，顶端深紫色且微卷，向下具一条白色条带和黄色条纹，其余均为玫瑰紫色；合蕊柱完全被唇瓣包围。

许多年前，拉克先生的一个通讯员在马格达莱纳河（Rio Magdalena）上游巧遇了一株这种迷人的卡特兰，于是把它送给了在新格拉纳达的拉克先生。不久后，它就在拉克先生的庄园里绽放出了花朵。拉克先生把标本转发给林德利博士鉴定，林德利博士惊喜地发现它是一个新种，于是依据它开花时可见四种颜色——白色、黄色、淡紫色、紫色，将它命名为四色卡特兰。紫色花朵要到冬季才开放，而且花朵可长时间开放，但它们并不能像其他大多数卡特兰一样很好地扩散。

当我第一次见到四色卡特兰的花朵时，我赞同林德利博士将它鉴定为一个新种，这一点毋庸置疑。直到现在，我找遍园艺学会、赫罗公司和其他人从原产地国家广泛引进的兰花，也没有发现这种具有覆瓦状白色花朵和直立细长假鳞茎的卡特兰。正是因为这样，我开始怀疑它究竟是不是其他某种兰花的独特变异，就像是植物学家们所说的反常整齐花（一种变态）。如果它的花真是一种独立的形态，那么新格拉纳达所有的兰花收藏者中就至今没有一个人见过这种花，这也太令人难以置信了。但就算最后被公认为一种反常整齐花，那么究竟是哪种兰花的反常整齐花呢？这个问题将引发更大范围的调查，也将涉及许多从墨西哥中心到巴西首都都有分布的各类卡特兰，包括卡特兰本种、委内瑞拉卡特兰、*C. pallida*、*C. warszewiczii*、*C. trianoei* 和 *C. wageneri*。名单上的第一个，卡特兰本种，在三四十年前被发现，在哪里呢？——哎！现在地球上已经找不到这个地儿了，那就是里约热内卢附近著名的阿更山（Organ Mountains）。第二个，委内瑞拉卡特兰，主要发现在西班牙的殖民地内（Spanish Main）[1]，一般在春季或夏季开花，一棵植株上的花从来不会超过2—

1　Spanish Main 特指殖民地时期位于奥西诺科河（Orinoco River）和巴拿马之间的南美洲北海岸以及加勒比海相邻的部分，当时这一区域处于西班牙的控制之下。

3朵。而卡特兰本种一直都是在11月开花，花的数量是委内瑞拉卡特兰的两倍，这两个特征一直被用来区分这两者。在（1865年）6月份的时候，我从温彻斯特主教（the Bishop of Winchester）那里收到一份珍贵的标本。毫无疑问，它是卡特兰本种，但它和委内瑞拉卡特兰一样一棵植株上开了4—6朵花。这样一来，看似它们之间的最为显著的区分特征就不存在了。至于 *C. pallida*，是哈特维格在他去瓦哈卡州的路上发现的，只有一株，最近已经在奈普斯利开花了。结果，就像莱辛巴哈教授所怀疑的一样，它和新格拉纳达的一位不知名的观光者发现的 *C. warszewiczii* 简直一模一样。除了颜色之外，它还与在同一个村庄发现的 *C. wageneri* 也难以区分，而 *C. wageneri* 被自然而然地认为只不过是委内瑞拉卡特兰的一个白花变型。园艺学会的一位狂热的兰花收藏者维尔先生（Weir）从波哥大（Bogota）寄来的其中一封信中提到过，他发现了大量不同的兰花变型，跟他在那附近收集的漂亮的卡特兰一样，有白色的、淡紫色的、玫瑰色的，它们干标本上的花和卡特兰本种、*C. trianoei*、*C. warszewiczii* 都十分相似。综上可知，以上所提及的6种不同的物种可能是某一分布广泛的物种的不同变型。像树兰属的 *Epidendrum ciliare* 和 *E. cochleatum* 一样，

它的分布范围也可能遍及热带美洲的整个兰花分布区域。无论事实是否如此，四色卡特兰本身是否能够以一个独立的物种身份站住脚，还需要时间来检验。另一方面，单单只是大自然之手创造出来的物种，已经让分类学家们忙得焦头烂额。而得益于杂交育种专家们辛勤的工作，本来就已经够混乱的状态更是雪上加霜。

1. 唇瓣正面　2. 合蕊柱　3. 花粉块

苞叶合粉兰　*Chysis bractescens*

属特征： 萼片稍合生，侧萼片向后延伸与合蕊柱合生成距状；花瓣与萼片同形；唇瓣3裂，展开，具脉纹，基部具胼胝体；合蕊柱具边缘，具小管，无芒；花药近圆形，药室开放，光滑；花粉块8枚；蕊喙薄片状，凸起。——附生草本；茎弯曲；叶脉明显，基部具鞘；总状花序侧生，着多朵花。

本种特征： 苞片兜状，脉纹清晰；叶片长卵形；萼片和花瓣同形，卵形，先端钝；唇瓣侧裂片钝，中裂片小，肉质，2裂，唇瓣基部具褶，且基部具5个肉质近同形的平行瓣片，具短柔毛；合蕊柱宽，肉质，船形，前端被短柔毛。

苞叶合粉兰是一种来自墨西哥的植物，由乔治·巴克先生（George Barker）引进，并于1840年在他的庄园里开了花。它比同属的黄花合粉兰（*C. aurea*）漂亮多了，甚至算得上是蝴蝶兰的一个强劲对手，而这一切都要归功于它纯白的萼片和花瓣以及金黄色的唇瓣。苞叶合粉兰在5月或6月开花，也是最好栽培的兰花之一，但温度必须保持与卡特兰属相同，哪怕是低一点都不行。

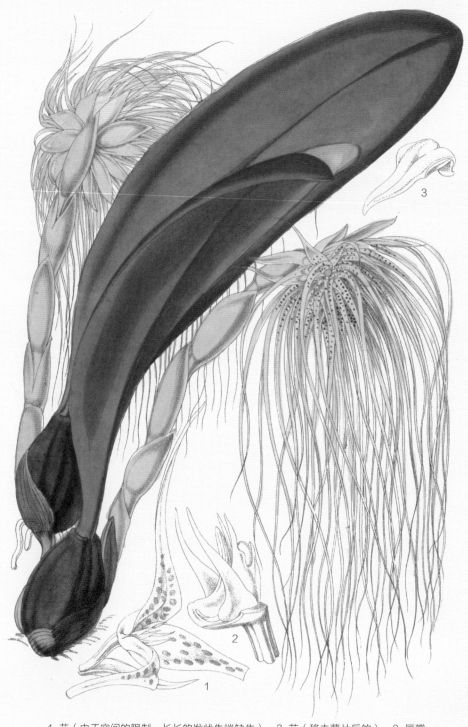

1.花（由于空间的限制，长长的发状先端缺失） 2.花（移去萼片后的） 3.唇瓣

头状卷瓣兰 *Cirrhopetalum medusae*

属特征：萼片展开，侧萼片渐尖，较长，极度偏斜，基部延伸并与合蕊柱合生，上萼片甚长；花瓣短小，具细尖；唇瓣全缘，基部与合蕊柱合生；合蕊柱小，基部长长地延伸，尖端具2角；花药2室；花粉块4枚，内部的一对甚小，每个同等合生。——附生草本，根茎匍匐；假鳞茎上单叶着生；叶片革质，无脉；花密集着生在总状花序上，有时基生，尖端花葶基生。

本种特征：假鳞茎卵形，缩合，呈四方形，暗棕色，基部具一个或更多棕色大鳞片，生于蠕虫状的细长的茎基或根茎上；叶片单生于假鳞茎顶部，相对于整个植株（长5—6英寸）来说较大，先端钝圆或微凹，肉质且半膜质，基部渐狭成一圆柱状短柄；花葶生于假鳞茎基部，一拃长，直立或附着生长，满被大苞片；苞片先端凹缺，淡绿色，膜质；花序生于花葶顶端，为头状花序或短圆且多花的花穗；具花苞片，花苞片线状披针形，渐尖；花小，不育，白色或奶白色，具细小的黄褐色或浅黄褐色斑点；萼片基部宽卵状披针形，上萼片渐狭成相对较短的尖端，而两个侧萼片先端延伸成发丝状，长4—5英寸；花瓣小，基部宽锥形，长于合蕊柱；唇瓣短于花瓣，缩至合蕊柱基部；合蕊柱近与花瓣等长，具两个直立的锥形尖端，药帽嵌于其间。

许多热带兰花的形态都十分奇特，而很少有比我们现在讲述的头状卷瓣兰更特别的。本种单朵花很小，但它们密集地聚成一串，萼片中有两片极度延伸，整个花序呈长发凌乱的头状，这也正是林德利先生将它命名为"美杜莎女妖[1]的头"（Medusa's head）的原因。其原产地为新加坡，由劳迪盖斯（Loddiges）先生引进到我们的温室中，在这里它们在冬季也可以自由绽放。当然了，在东印度公司大楼里随处可见，易于栽培。

1　希腊神话中的人物。

1.合蕊柱　2.唇瓣正面　3.唇瓣侧面

皱茎贝母兰 *Coelogyne corrugate*

属特征：萼片靠合或展开，分离（有时相互黏着），萼片近同形，基部常钝；花瓣与萼片同形，或多较狭；唇瓣兜状，3裂或不裂，基部与花瓣共同形成一个囊，具2—3条纵褶或脊，有时与合蕊柱基部合生；合蕊柱直立，分离，具翅，顶端边缘膜质，柱头突出，深凹成二唇状；花粉块4枚，离生，内弯，附着于1个黏质物上；花药嵌在合蕊柱顶端之下，可移动，几不凋落。——附生或陆生草本，分布于亚洲热带地区；具假鳞茎；叶片1—2枚，叶脉清晰；总状花序或花朵单生，顶生，花葶基部具革质颖片；花白色或玫红色或黄色，或具棕色斑点，不变绿色；具香味，美丽。

本种特征：假鳞茎簇生，卵形，具很多网状的皱纹，着生2枚叶片；叶片约一拃长，椭圆形，近渐尖，甚长于总状花序；总状花序上着花3—6朵；苞片船状，椭圆形；萼片和花瓣近同，椭圆形，急尖，纯白色；唇瓣3裂，侧裂片比中裂片小且钝，中裂片卵形渐尖；唇盘上具3条平行且上升的纵纹，唇瓣内表黄色，并具橘色条纹。

尽管15年前怀特博士（Dr. Wight）已经在他的书中对这种漂亮的贝母兰做了非常精细的描述，但我发现，直到1863年邱园收到一些来自印度的标本之前，皱茎贝母兰的活体植株从来没有在栽培园中出现过。据怀特博士说，皱茎贝母兰发现于库塔拉姆（Courtallum）附近的图尔尼山脉（Tulney Mountains），并在8月和9月开花。而罗布先生表示，在藏南地区也有野生的皱茎贝母兰。皱茎贝母兰的绘图来源于1866年夏天在奈普斯利开花的一株植株。和许多其他贝母兰一样，皱茎贝母兰不能栽培在东印度公司大楼中，但可以在卡特兰室最阴凉的角落里自由地生长。最好把它栽培在花盆中。

皱茎贝母兰皱缩的假鳞茎几乎是这个物种所特有的，在怀特博士的图版中可以看得很清楚，遗憾的是本文插图没能将其很好地展现出来。

1.合蕊柱和花药 2.花粉块 3.唇瓣正面

斑唇贝母兰　*Coelogyne fuscescens var. brunnea*

属特征：参阅前文。

本种特征：假鳞茎近长圆形，两端渐狭，长3—4英寸，顶端着生2枚叶；叶片宽大具褶，两端尖。先花后叶，总状花序下垂，通常具3—8朵花，同时开放且开放时间较长；苞片具鞘，但很快脱落；萼片披针形，先端渐尖，长过于1英寸，比长线形的花瓣宽；背萼片最宽，具精致的纹理，白色中微带一些黄色；唇瓣卵形，3裂；侧裂片向前延伸且先端微向后卷，外表白色，内表具棕色的斑点和边缘；中裂片近方形，边缘白色，向基部渐变为棕褐色，从基部延伸出三条隆起的亮橙色的纵向条纹；合蕊柱略弯曲，无翅。

这位美丽的贝母兰属成员是在花园中被发现的。1848年《园艺纪事》报道了它开花的消息，但似乎从那之后它就立刻踪迹全无，总之我再没有看到它开花。而更不可思议的是，自后来被赫罗公司重新引进之后，它们却在最普通的环境肆意生长，并开出了大量的花朵。斑唇贝母兰原产地为缅甸的毛淡棉（Moulmein），由帕里什先生（Parish）送给赫罗公司。它已经在好几个地方都开出了花朵，但最好的标本来自戴先生（Day），本文的绘图就来自这份标本。斑唇贝母兰花期在冬季，花可持续数周不败，称得上是贝母兰属中最出色的成员之一了。

1.合蕊柱和花药 2.花粉块 3.唇瓣正面

匏状贝母兰　*Coelogyne lagenaria*

属特征： 参阅前文。

本种特征： 假鳞茎簇生，形态尤为奇特，似烧瓶状，在锥形瓶颈处变平并延伸似一个瓶盖，绿色中杂有一些棕色，且具不均匀的褶皱，幼茎顶端着生 1 枚叶片；花葶 1—2，生于假鳞茎基部且比其短，质地肥厚，外被卵形苞片，内凹，覆瓦状排列；花大，单一着生，美丽而端庄；萼片与花瓣同形，狭披针形，玫瑰红，向外展开；唇瓣极大，基部围着合蕊柱盘绕，向外延伸，边缘皱缩成波状，白色中杂有黄色和深紫色；合蕊柱细长。

林德利博士写道："大卫·唐（D. Don）命名的独蒜兰属（*Pleione*）在生境上的独特之处，使我们得以将它们与贝母兰属区分开来。我有时在想，或许还可以通过唇瓣是否具囊、是否分裂、有无芒刺和片状纹理等特征，或者通过观察花瓣先端为渐尖还是钝圆的特征来区别这两者。然而，这些特征都被胡克贝母兰（*C. hookeriana*）的特征所否决。但我还是认为，

独蒜兰可以视为贝母兰属高海拔地区的独特类型，也希望有朝一日有学者发掘出它们更为可靠的属间差异特征。独蒜兰属都属于高山植物，而它们得以在英国成功栽培，秘诀在于使它们在休眠期间保持寒冷干燥，而一旦进入生长状态时就提供温热湿润的环境和充足的光照。"如今，林德利博士通过后续的实践经验证明，大部分独蒜兰属植物可以一直在寒冷的环境下进行栽培。至少拉克先生是这么做的，他养的植物比其他任何人的长得都要好。匏状贝母兰原生境的海拔并没有同属的其他植物那么高，所以相对来说它更喜欢稍微温暖些。贝母兰属的大多数种类都产自喜马拉雅一带，它们几乎在同一时期以相同的方式绽放（先花后叶），取代了番红花在欧洲的地位。我们这里所讲述的这位美人，绽放于金斯敦地区（Kingston）杰克逊先生（Jackon）的苗圃里，很遗憾的是开花的时候没有叶片。尽管如此，兰花爱好者们还是对它情有独钟，因为它具有别致的花朵和独特的假鳞茎。

1. 合蕊柱和唇瓣侧面　　2. 唇瓣正面

3. 合蕊柱正面　　4. 花粉块

赭黄贝母兰　*Coelogyne ochracea*

属特征： 参阅前文。

本种特征： 假鳞茎小，聚生，长椭圆形，两端渐狭，下部缩合，上部具钝四棱，基部被膜质的大鳞片基部包围；叶片着生于成熟假鳞茎顶端，2—3枚，披针形，半膜质，具条纹和褶皱，先端急尖，基部渐狭成长柄，脱落；幼假鳞茎在叶片长出之前，顶端伸出一近圆柱状的总花梗，花梗上着生一总状花序，花序上具7—8朵花，花白色，具黄色斑点，具芳香；花苞片披针形，船状，膜质，脱落；萼片和花瓣近匙形或卵状，先端急尖，纯白色，开展；唇瓣长椭圆形，3裂，侧裂片圆形，内卷（在唇瓣下半部形成一个内凹的基部），下部略凸起或形成一钝矩；中裂片卵形，渐尖，外卷，整体呈白色，具黄色斑块，在唇瓣中裂片的唇盘处形成一个马蹄状，边缘饰以深橙色；唇盘基部具一条隆起的线；合蕊柱向上扩展；药帽半球形；花粉块4枚，黏于一粘盘上。

赭黄贝母兰在贝母兰属中算不上非常艳丽，但至少也是十分优雅且芳香扑鼻的一种。它通常生长在印度东北部的丘陵和山地中，最初由托马斯·布罗克赫斯特先生（Thomas Brocklehurst）引进。花期通常在5月，栽培时需要湿润的环境，但不需要高温。

1. 唇瓣　2. 合蕊柱　3. 花粉块

提琴贝母兰　*Coelogyne pandurata*

属特征：参阅前文。

本种特征：假鳞茎较大，长圆状卵形，略缩合；叶片极大，宽披针形，具纵向条纹和褶边；总状花序近与叶片等长（18—20英寸），多花着生；花生于下垂的总状花序上，间距约2英寸，绿色，缀以棕色（幼时为绿色）的兜状苞片，苞片与花梗等长；每朵花充分开展时直径约达4英寸，萼片和花瓣淡绿色，唇瓣上具疣粒，其黄绿色的底色上具深黑色的宽脉纹和斑点；唇瓣顶端具两条纵深的沟，位于3裂的中心唇盘两边，在唇瓣中间汇合，并演变成一片不规则分布的疣粒，疣粒垫状，常2裂，暗色；合蕊柱绿色，边缘略伸展成细圆状；唇瓣本为椭圆形，但因其边缘弯曲，遂成提琴状。

提琴贝母兰在兰科中风格迥异。与目前已广为人知的贝母兰属植物相比〔缅甸贝母兰（*C. parishii*）除外〕，其颜色别具一格。第一眼见它时很难相信它是贝母兰属的成员，然而它却具有贝母兰属的所有特征。确实，对于任何一种兰花来说，很少有跟提琴贝母兰一样的，它的花朵只有纯粹的黑、绿二色。提琴贝母兰原产地为婆罗洲，由克莱普顿苗圃（Clapton Nursery）引进。1853年12月由劳迪盖斯先生提供提琴贝母兰植株，林德利博士进行形态描述与发表，同年底完成本书中的绘图。提琴贝母兰花期通常是在春季或初夏。为使其正常生长，很有必要保证充足的湿热条件，尤其是在长根系的时候。每株苗壮成长的提琴贝母兰都可以长出一串漂亮的花序，不久就会绽放出美丽的花朵，花朵可保持一周。如果其生长季延迟，那么摘除花蕾是很有必要的。因为这样可以保证在春季更适合生长的时候，植株能够有足够产生新根系的营养。

1.唇瓣 2.合蕊柱 3.花粉

独占春　*Cymbidium eburneum*

属特征：花被片伸展；花瓣萼片状，近同形，离生；唇瓣离生，基部无距，微凹，基部有时与合蕊柱合生，有时提升且内凹或3裂；花药2室；花粉块2枚，后侧常2裂，粘盘近三角形，近无柄。

本种特征：茎簇生；基部叶片二列，叶片极长，线状或带状，长1—3英尺，宽仅1/3英寸，质地较硬，顶端2裂，裂片较尖；花序相对叶片极短，长4—8英寸，匍匐或攀缘，花少，被苞片；苞片长且尖，覆瓦状排列；花大，纯净的象牙白色，直径5—6英寸；萼片和花瓣相似，线状长圆形，急尖，微波状；唇瓣较短，边缘内卷，顶端3裂，侧裂片卵形，向内包裹成圆状，边缘卷曲或波状，唇瓣中心延伸出一条粗脊，脊线金黄色，被短柔毛，消失于中裂片基部的突起。

已故的格里菲斯先生（Griffith）是首先发现这种可爱兰花的人。林德利博士在《印度兰花研究》（*Orchidology of India*）的注解中提到，格里菲斯先生是在位于孟加拉东部的卡西山区（Khasia mountains）、海拔5000—6000英尺的地方发现独占春的。劳迪盖斯先生首先引进、培育了一批优良植株，可能他是从加尔各答植物园引进的。林德利博士1847年所描述的标本就来源于劳迪盖斯先生的植株。用于此处绘图的独占春活体植株于1859年4月在邱园开花，它的香味有些不同于其他气味幽香的兰属植物，非常淡雅。独占春是一种十分稀有的兰花，和其他大多数兰属的兰花一样，独占春在温度较高的环境下不能茁壮生长，是一种严格意义上的"冷兰花"。栽培它需要选择一个大小合适的花盆。

虎头兰 *Cymbidium hookerianum*

属特征： 参阅前文。

本种特征[1]：叶片长 1.5—2 英尺，急尖，带状，坚硬且革质，基部扩张，并具两条延伸的暗绿色条纹，比 *C. giganteum* 的更明显；花葶近与叶片等长，下部被鳞片，从花朵着生处下垂；花葶基部鳞片直立，稀疏，覆瓦状排列；花 6—12 朵，极大（直径 4—5 英寸），除唇瓣外均为绿色；子房长 1.5 英寸；萼片和花瓣呈辐射状，椭圆形，先端钝尖，花瓣略窄于萼片；唇瓣 3 裂，侧裂片长，平展，略呈镰刀状，先端极锐尖，被柔毛，中裂片卷曲且具缘毛；唇盘上具两片直立具纤毛的薄瓣，平行或略靠拢，长过于半英寸；唇瓣整体为黄白色，边缘光滑柔软，并渐变成深黄色，缀以深紫红色的斑点；合蕊柱棒状，光滑，具翅，绿色，具少量红斑。

我从 1866 年 1 月 6 日的《园艺纪事》中摘录了莱辛巴哈教授对这种迷人的虎头兰的描述。莱辛巴哈教授还大方地将它送给了胡克博士，"作为他担任邱园董事第一个新年的贺礼，送上最诚挚的祝福"。费奇先生画作参考的是维奇先生栽培的一株开花的虎头兰，而维奇先生的虎头兰则是由罗布先生许多年前送给他的。据胡克博士说，野生虎头兰分布在锡金的喜马拉雅山脉，他在那里寻找这种兰花时恰好遇到了罗布先生，所以他们两人无疑是在同一时期得到虎头兰的。这些虎头兰到达埃克塞特（Exeter）后不久就开花了，但可能是由于栽培的环境太暖和，以至于许多年后它们才再次绽放。而它们最终能再次绽放，还必须要感谢多米尼先生——正是他将它们移到较为阴冷的环境中去的。虎头兰是一种附生兰，应栽培在一个大花盆中，如果管理得当，它将尽展风姿。

正如上文所提到的，胡克博士曾在虎头兰的原始生境里目睹过它的风姿。几乎在第一眼看见高大且迷人的虎头兰时，他就认为应当把它当作 *C. giganteum* 的一个变种，而不是一个独立的新物种。虎头兰本身也让我产生了相同的观点，但目前这个问题最好是先搁置一段时间，当我们有更多的标本来做参照和对比时，再来解决它。不管虎头兰仅仅只是一个特别的变种，或实质上是一种独立的物种，无论怎么说，它都配得上和胡克博士的名字紧密联系在一起。

1　以下的描述主要参考的是维奇先生所栽培的一株开花的植株，一些特征与莱辛巴哈教授描述的不同。

1. 唇瓣和合蕊柱

齿瓣凸唇兰

Cyrtochilum serratum

[Oncidium serratum]

属特征： 参阅后文"镰瓣文心兰"的描述。[1]

本种特征： 假鳞茎高，卵形，着生1—2枚僵硬的长叶片，直立，急尖，基部渐狭成柄；圆锥花序松弛，多花着生，甚长于叶片，野生植株中花序长9—10英尺；萼片边缘卷曲并具圆锯齿，上萼片肾形，侧萼片极长，张开，倒卵形，巧克力棕色，尖端和边缘黄色；花瓣颜色与萼片相同，甚短于萼片，卵形，急尖，向中间靠合；唇瓣极小，戟形，侧裂片渐尖，是中裂片的1/4，中裂片线状，钝圆，中间窄，具一下压的锯齿状冠；唇瓣颜色与萼片和花瓣相似，冠部多黄色；合蕊柱具锥形向上的翅。

去年12月，我幸运地在法纳姆城堡（Farnham Castle）温彻斯特主教那儿看到这种正值花期、引人注目的文心兰时，就彻底地被它征服了。齿瓣文心兰花的颜色和外观与皱波文心兰（*Oncidium crispum*）较为相似，但其花的样式十分奇特且迷人。当它使尽全身力气发出交织盘绕足以延伸至长达9或10英尺的花葶时，毫无疑问这一切一定会让你对它的印象更加深刻鲜明。最初它被划分到一个截然不同的属——凸唇兰属（*Cyrtochilum*），但人们现在认为凸唇兰属更应该是文心兰属的一个亚属。凸唇兰属中的一些种类，以缠绕凸唇兰（*C. volubile*）为例，茎高可达20英尺。林登先生将齿瓣文心兰引进，并将其在史蒂芬斯拍卖会上以另外一个名称——*Oncidium diadema*——进行拍卖。齿瓣文心兰的原产地为秘鲁，勉强算得上是一种"冷兰花"。

1　在原书中，贝特曼将其当作文心兰属的一种，并在原文中提到了其划分的原因，现在的分类体系认为该种属于凸唇兰属。本文中描述的中文译名先作齿瓣文心兰。

1.唇瓣　2.合蕊柱　3.花粉块

红白石斛

Dendrobium albosanguineum

属特征：萼片膜质，直立或展开，侧萼片整体倾斜，基部与合蕊柱合生；花瓣比萼片狭或宽，膜质；唇瓣和蕊柱足相连或合生，3裂或不裂，或膜质，或具距；合蕊柱半圆柱状，基部具蕊柱足；花药2室；花粉块4枚，两两并生。——附生草本；茎丛生，偶见疏生于匍匐茎上；具假鳞茎；叶扁平；花着生于伞形花序或总状花序上，美丽。

本种特征：具茎，无假鳞茎；茎圆柱状，拉长，具节，近直立，顶端着生多枚叶片；叶片长5—6英寸或7英寸，近二列着生，线状披针形，基部具鞘；总花梗比叶片稍短，直立，细长，被以鞘状短鳞片，着生5—7朵黄白色的大花，每朵花直径约3英寸；萼片开展，椭圆状披针形，两枚侧萼片基部形成一圆锥状的短直距；花瓣卵形，宽度为萼片的2倍，先端极钝，基部具少量血红色的条纹；唇瓣大，近倒卵形，具微爪，脉纹清晰，略呈波状，平展且不裂，近基部具深紫红色斑块和条纹；合蕊柱短，其正面和花药上具紫色条纹，基部向下生长。

红白石斛是石斛属中最漂亮的兰花之一，即便在众多的美人中它仍然十分突出。其原产于毛淡棉，春季开花，乳白色和紫色的花朵排列于总状花序上。红白石斛需要放在浅口盘或铁丝筐中，并挂在椽子上栽培，在生长季需要充分的湿热条件。维奇先生是引进它的第一人。

红白石斛的大多数变种都比我们现在所描绘的这个变种漂亮得多。

1. 实体植株上的唇瓣——侧裂片包裹着合蕊柱

2. 平展的唇瓣　3. 合蕊柱和不完整的花药

安波那石斛

Dendrobium amboinense

属特征：参阅前文。

本种特征：假鳞茎长不过3—4英寸，梭形且具棱，基部渐狭，幼茎被独特的叶状鳞片；假鳞茎顶端单叶着生，叶片椭圆形，急尖，近革质，具不明显的平行脉；成熟的假鳞茎随着生长变长，叶片脱落，变得似裸露的茎，具节，下部方形，最基部球茎状，上部具4—6个角，花朵从这些干枯的茎状假鳞茎上成对开出，花大，乳白色，很快凋零；萼片和花瓣的大小与形状几乎完全相同，线状披针形，起初张开，一段时间后变松弛并围绕唇瓣靠合；唇瓣小，与花朵大小相协调，具凹陷，但基部无距，3裂，侧裂片宽卵形，先端钝，围绕合蕊柱内卷，中裂片锥形，唇瓣整体为黄色，中裂片边缘具一暗紫色的窄纹，凹陷的唇盘上具深橘色微斑，唇盘近基部具一带柄腺体或肉质疣粒，靠近中裂片处具两对较小的疣粒；合蕊柱短，与唇瓣基部结合，向下；药帽顶生，嵌于合蕊柱顶部，极小且不完整。

安波那石斛不仅引人注目，而且还是石斛属中最特别的种类之一，很少有兰花能比它更受欢迎。亨希尔先生（Henshall）在安波那（Amboyna）发现了它，而引进工作则由图庭苗圃的罗利森先生完成。1856年6月，安波那石斛在图庭苗圃的温室中开出了花。然而很不幸的是，在完成绘图后不久，它就从苗圃中枯死消失了，现在仍需再引入。就算是仅引进很少的数量，也是很值得的事情。

1.合蕊柱 2.花粉块 3.唇瓣

须毛石斛 *Dendrobium barbatulum*

属特征：参阅前文。

本种特征：茎直立，圆柱状，具鞘；叶片散生，长圆状披针形；圆锥花序顶生或侧生，花朵紧密着生；花被片平展，萼片披针形，花瓣阔卵形；唇瓣3裂，基部被长柔毛，侧裂片椭圆形，内卷，淡紫红色，中裂片阔倒心形，顶端全缘，与花瓣等大，距短、钝。

这种非常漂亮的植物原产地为毛淡棉。从我们的视线中消失了二十年之后的1863年，须毛石斛被再次引入。帕里什先生历经千辛万苦才发现它，并将其转交给了赫罗公司的克莱普顿苗圃。

这种植物最迷人之处莫过于纯洁耀眼的白色花瓣了，唇瓣侧裂片上依稀有一抹绯红，唇盘上具黄色的须毛。须毛石斛花朵不具芳香味，10—20朵花在美丽的总状花序上排成长长的一串。其花朵在深冬季节开放，可持续数周不败，因此常常备受青睐。略微让人遗憾的是，须毛石斛修长的叶片往往在花朵的盛典来临之前就脱落了，但这个小瑕疵并没有降低人们栽培它的渴望。毕竟，其优雅叶片的观赏价值可以通过精心设计，与其他物种搭配种植而轻易实现。最好是把它种在木头上，以便于其茁壮成长，也可以种在很浅的陶罐或碟中。它们在特定的季节里会停止生长，像动物一样，也会"休眠"。

须毛石斛

1. 唇瓣侧面及萼片的距　　2. 唇瓣正面

3. 合蕊柱　　4. 花粉块

双峰石斛　*Dendrobium bigibbum*

属特征：参阅前文。

本种特征：假鳞茎似茎，细长，纺锤形，一拃长或更长，幼茎上被以绿色的叶鞘片，顶端着生2—4枚或5枚叶片；叶片狭窄，线状或长圆形，先端近渐尖，且具不明显的条纹；老茎上无叶片着生，最基部膨大，整条茎上都被有鳞片；鳞片膜质，淡棕色，具条纹；总花梗生于老茎近顶端，近与茎等长，直立，在本文所参考的标本中，总花梗上着生2—10朵或12朵花；花深紫色；萼片卵形，开展，两个侧萼片下部延伸成距，距短，钝圆，后弯，上部具一凸起，有时被唇瓣基部的膨大所代替，这个凸起和距正是它特定名字的来源；花瓣大，近圆形，水平下弯；唇瓣颜色比的其他部分深，3裂，侧裂片大，内卷，中裂片适度反卷，先端钝，唇盘具一隆起的大冠，沿长边具很多疣粒，唇瓣基部下延，形成一个凸起；合蕊柱大，缩合，具槽沟，背部与萼片紧紧结合，药床微向前凸起。

双峰石斛是石斛属中非常漂亮的种类，只是又细又长的假鳞茎光秃秃的，仅在一些变种中稀疏着生几片狭窄的叶子，这使它的姿色降低了几分。我们要感谢劳迪盖斯先生——1855年11月，正是他将标本送给一位画家，才有了我们今天看到的这幅图画。劳迪盖斯先生的标本则是来自汤姆森博士——他在澳大利亚（New Holland）[1]东北岸托勒斯海峡（Torres' Straits）的阿道弗斯山（Mount Adolphus）上发现了双峰石斛。由于其原始生境为热带地区，所以在栽培中双峰石斛比大多数澳洲兰花需要更多的热量，但幸运的是它很好管理。在一幅以实地植株和干标本为参考的画作中，我们可以看到有时一个总花梗上可着生10—12朵花。其花期在冬、春两季，花可长时间开放不败。希尔石斛（*D. hillii*）、*D. tattonianum* 和 *D. johannis* 都与它来自相同的地区，它们形成一个十分有趣的群体，栽培的时候可以放在一起。

1　在大航海时代，欧洲人将澳大利亚大陆称作"New Holland"，这一名称一直沿用到19世纪50年代中期。

1. 合蕊柱和花药 2. 唇瓣的流苏部分

鼓槌石斛

Dendrobium chrysotoxum

属特征：参阅前文。

本种特征：假鳞茎长，簇生，棒状或近纺锤状，具细长的节，节上被鞘，鞘片膜质，细小而发白；假鳞茎顶端着生约4枚叶片，叶片伸展，革质，深绿色，长圆形，先端急尖；总花梗弯向一侧，生于假鳞茎顶端叶片之下，基部具一鞘状苞片，干膜质，脱落，每个子房基部均具一类似的小苞片；总花梗短，着生一串雅致的下垂总状花序，长度近整个植株高度，总状花序上排列着12朵或更多全黄色的大花，花直径2英寸；萼片及花瓣开展，萼片较小，椭圆形至长椭圆形，花瓣宽卵形，大小为萼片的2倍，微卷；唇瓣开展，不分裂，兜状，基部收缩，后面具明显的钝矩，上半部分圆形，上表面被短柔毛，边缘饰以漂亮的纤毛和流苏，唇瓣基部向外具弧形或半圆形的深橙色斑块，该物种的命名正是依据这个特征，其余部分与花朵的整体色调一致，为亮丽的深黄色，但唇瓣边缘呈灰白色，唇盘上表橙色；合蕊柱短，药帽两侧各具一宽钝齿。

对于附生于树上的东印度地区石斛属植物，林德利博士注意到"这是一个独特的群体，或许最为显著的特征就是它们具有棱角分明的肉质茎，茎上具有2个或2个以上明显的节，茎顶端着生1—2枚叶片，且唇瓣并没有分裂形成簇毛或流苏，这些特征是石豆兰属（*Bulbophyllum*）向石斛属的过渡状态。这个群体中包括密花石斛（*D. densiflorum*）、黄灯笼（*D. griffithianum*）、钱币石斛（*D. aggregatum*）、四棱蜘蛛石斛（*D. tetragonum*）、人面石斛（*D. veitchianum*）、大明石斛（*D. speciosum*）等"。

我们今天的主角——鼓槌石斛——是亨德森先生（Henderson）从印度引进的。在这个可爱的群体中，鼓槌石斛当然不会位于"丑小鸭"之列。其花期在春季，这个季节中温室里百花争艳，但它仍能赢得观赏者们的青睐。鼓槌石斛对生长环境的要求与密花石斛相同，但花期通常比后者晚一周。

1.唇瓣　2.合蕊柱　3.花粉块

玫瑰石斛　*Dendrobium crepidatum*

属特征：参阅前文。

本种特征：茎长 6—8 英寸或约 1 英尺，圆柱状，具条纹，质地坚硬，近乎直立，仅在最基部具分枝，具节，节上具宿存的鳞状鞘；叶片少，仅着生于无花的幼茎上；花大，白色，顶端毛刷状，通常着生于裸露无叶的茎的关节处；花梗和纤细的子房较长，呈红色；萼片开展，长椭圆形，先端钝；花瓣与萼片相似，但宽度更大，近圆形，向外展开；唇瓣近心形，基部缩合成爪，整体生长，几乎不开裂，或具很模糊的 3 裂片，先端钝或微凹，基部每一边都嵌毛，形成一个拖鞋状的腔，腔的内部或上表面除唇盘外具茸毛，唇瓣中心橘黄色，唇盘上具模糊的条纹，基部向外形成一个非常钝的距；合蕊柱极短，向下生长至与唇瓣结合；药帽盖状。

玫瑰石斛是一个非常招人喜欢的种类，最近（1857 年 4 月）合恩赛（Hornsey）苗圃的帕克先生（Parker）刚和我们交流了它开花时的迷人景象。它原产印度，大概是在东孟加拉的阿萨姆或卡西山脉。林德利博士担起给它命名和注解的重任，借此机会他还阐述了它与兜石斛（*D. pierardi*）及其他同类兰花的密切关系。事实上玫瑰石斛的萼片、花瓣以及唇瓣的质地比上面任何一种的都要坚硬。林德利博士也曾暗示玫瑰石斛与白贝壳石斛（*D. cretaceum*）十分相似，不同之处在于玫瑰石斛的花更大，且具更多粉色和橘黄色的色调，而白贝壳石斛具有冷色调的白色，玫瑰石斛的子房和花梗都比后者更长更红。第一次记录到玫瑰石斛开花是 1850 年，在霍尔福德先生（Holford）的庄园里。玫瑰石斛一般在早春开花，且会经历一个休眠季，这点倒和兜石斛一样。

1. 合蕊柱和唇瓣的爪　2. 唇瓣

黄花石斛　*Dendrobium dixanthum*

属特征：参阅前文。

本种特征：茎直立或近直立，光滑，略呈棒状，约半码[1]高；叶片草绿色，长3—4英寸，极锐尖，在花开之前凋落；总状花序短，着花2—5朵；萼片与花瓣均淡黄色，萼片披针形，锐尖，基部延伸成一短萼囊；花瓣椭圆形，急尖，长不足1英寸，比萼片略宽，边缘锯齿不明显；唇瓣向前延伸成爪，爪宽戟状，角钝圆近方形，唇瓣边缘满布细锯齿，唇瓣基部具横条纹，唇盘为深橘色，其他部分颜色与花瓣相同。

毛淡棉是发掘石斛属新种取之不尽用之不竭的宝地，迷人的黄花石斛也发源于此。1864年帕里什先生在此发现了它，并将它送给了克莱普顿苗圃。黄花石斛在最普通的生境中便能迅速生长并自由绽放，花期一般在初夏。而让人遗憾的是，无论是老茎还是幼茎上的叶片，都在花开之前就脱落了，这给黄花石斛的美貌大打折扣。

莱辛巴哈教授在《园艺纪事》中对黄花石斛做了详细的描述，其中记录它的花单一地着生于老茎侧面，而这一特征被奈普斯利和其他地方的一些反例所否认了，我也借此机会对其进行了纠正。黄花石斛的名字暗示了它花朵上的两种不同的黄色色调。

黄花石斛在叶子的形态上与钩状石斛（*D. aduncum*）相似，均为草绿色且先端极其锐尖，然而在其他特征上两者则完全不同。

1　1码 = 0.9144米。

黄花石斛

1. 移去萼片和花瓣的花朵　2. 合蕊柱和距正面　3. 花粉块

象牙石斛　*Dendrobium eburneum*

属特征：参阅前文。

本种特征：茎直立，短，粗壮；叶片革质，披针形，偏斜，先端钝，表面被稀疏的茸毛，可凋落；总状花序侧生或顶生，着花2—9朵；花短，萼片花瓣状，近同形，披针形，急尖；唇瓣3裂，侧裂片短，圆形，中裂片长，披针形，具细尖，边缘具细圆齿，水平伸展，似萼片。

象牙石斛十分迷人，它和艳丽石斛（*D. formosum*）等我们熟知的种类由帕里什先生在毛淡棉发现。1862年赫罗公司收到象牙石斛的活体植株，其中的一株已经在莱辛巴哈教授的精心照顾下开出了花，他立马根据它的特征将它命名为*Dendrobium eburneum*。象牙石斛的花唇瓣唇盘下部和合蕊柱基部具暗罗马红的线条，除此之外其外表像极了光洁的象牙。其花期在春季，且很好栽培，但是在生长和开花季节需要较暖和的环境条件。

1. 合蕊柱和花药

串珠石斛 *Dendrobium falconeri*

属特征：参阅前文。

本种特征：无假鳞茎；茎细长，向下悬垂，具分枝，具竖纹，具节，节中间收缩，导致节的中间也似节；叶片少，1—3枚，顶生，线形，极小且不明显；花多且大，着生在茎的分枝上；每朵花具1个花梗，生于节上，较细长；萼片开展，长圆状披针形，略卷曲，先端渐尖，淡玫瑰色，顶端为暗紫色；花瓣与萼片等长，但更宽，卵形，先端急尖，白色，顶部具一深紫色的宽色斑；唇瓣大，兜状，不明显3裂，心形，先端急尖，边缘波状，底色白色，唇盘橘黄色，唇盘中部和其下表相应位置置一暗紫色大斑块，唇瓣先端同为暗紫色，边缘全缘，但具流苏或纤毛；合蕊柱向下延伸成一短距；药帽长圆状，半球形，具茸毛。

我们这里所参考的串珠石斛标本只是茎的一部分，茎长3—4英尺，上部着生60朵花。它的花最早于1856年春天绽放在萨默塞特（Somerset）的乔治·里德先生（George Reid）的花圃中，且被引进后很快就开花了。它的原产地在不丹，生长于4000英尺高的山上。里德先生在伦敦的一次拍卖会上买下了它，当时就命名为串珠石斛。本种无疑是石斛属中最可爱的成员之一，与大苞鞘石斛（*D. wardianum*）有十分明显的区别，但有时人们还是会莫名其妙地将它们混淆。

串珠石斛应当栽培在混有陶瓷碎片、泥炭和泥炭藓的土里，放在一个多孔的浅口罐或平锅中。它所需要的温度与普通的石斛相同，但春季需要2—3个月的休眠时间。从休眠到开花，必须将它转移到一个更干冷的环境（葡萄温室就很不错），但需要留意不能让它的茎干枯了。

串珠石斛

1. 合蕊柱侧面（带药帽和唇瓣） 2. 唇瓣正面

法氏石斛　*Dendrobium farmeri*

属特征：参阅前文。

本种特征：茎聚生，延伸成棒状，具节，具深纵沟，基部膨大成假鳞茎状，仅榛子般大小；幼茎顶端着生 2—4 枚展开叶片，叶片膜质或肉质，卵形，先端急尖，叶脉清晰；总状花序下垂，生于老茎近顶端，长过于茎，稀疏地着生许多花朵；花苞片小，卵形，先端凹；萼片非常奇特，卵形，较宽，先端钝，淡黄色中精妙地带些玫瑰色调；花瓣颜色和形状与萼片相同，比萼片大，充分展开；唇瓣中等大小，淡黄色，整个唇盘呈橘黄色，宽菱形，极钝，上表被茸毛，基部缩合成爪，爪上部两边边缘都折叠并呈深波状，爪基部之上具一长椭圆形且扁平的疣粒；合蕊柱极短，顶部具钝圆锥状的药帽，合蕊柱下部向下延伸至唇瓣处，形成一个钝距。

法氏石斛是石斛属最精致、可爱的成员之一，1847 年由麦克兰德博士（Dr. M'Clelland）从加尔各答植物园送给法默先生，这种兰花正是以法默先生的名字来命名的。帕克斯顿先生（Paxton）观察到"这种兰花在形态和生境上都与密花石斛非常相似"，"但它的茎更加棱角分明，开花时花葶上的花密集度小一些，花的形态也完全不同"。它们的花在颜色上的区别比形状上的区别更大，所以要辨别这两个物种并不难。法氏石斛花期在 5 月，所需要的生境和密花石斛以及其他具棒状茎的类型相同。

法氏石斛

1.唇瓣和合蕊柱正面　2.花粉块

甜石斛　*Dendrobium hedyosmum*

属特征：参阅前文。

本种特征：茎直立，聚生在一起，约
一拃长，幼茎被黑色微毛，但迅速脱落；叶
片窄短，革质，尖端具不整齐的凹缺；花成
对着生于茎上半部，与叶片相背，散发出与
桂竹香类似的迷人芳香；萼片和花瓣相近，
长仅 1 英寸，卵状披针形，急尖，略后弯，
表面光洁白净似象牙；唇瓣约与花瓣等长，
3 裂，其下部直立且向前伸展，急尖，绿色，
中裂片卵形，锐尖，反卷，黄色，沿唇盘具
深橘色的犁沟，具极小的囊；合蕊柱近与唇
瓣侧裂片等长。

尽管在印度的兰科大属——石斛属
中，绝大部分都是完全无气味的，有个别
种类——如人面石斛——散发难闻的气味，
但仍有极少部分种类——或许以我们现在
所讲述的甜石斛为代表——可以产生迷人
的芬芳。甜石斛的香气极易与桂竹香相混淆。

1863 年，克莱普顿苗圃从毛淡棉将
甜石斛引进。当时它被命名为绿白石斛
（*D. albo-viride*），由其发现者帕里什先
生根据它的外观取名而来。确实，当奈普
斯利的一株标本开出花时，其花朵很明显
是绿白色，这也暗示帕里什先生给它这个
特定名字的明智之处，绘图也是来源于这
株标本。但是在花开几天之后，这些色彩
渐渐消失了，萼片和花瓣开始变成了发亮
的象牙白色，而唇盘则变成了橘黄色，花
朵的外观和特征由此彻底地改变，用 *albo-
viride* 这个名字也显得不再合适。在这种
形势下，因它花朵的迷人芳香，我冒险用
hedyosmum 取代了原来的名字，我想帕里
什先生不会责备我的自作主张。

甜石斛在春季开花，其花朵在经历上
述的颜色变化后仍能持续绽放许多周。栽
培过程中不需要特殊的条件，但需注意不
能让它的根碰到任何吸满水的东西。

1.唇瓣　2.基部下延的合蕊柱　3.花粉块

尖刀唇石斛

Dendrobium heterocarpum

属特征：参阅前文。

本种特征：附生兰；根数条，匍匐生长，肉质，圆柱形，波状；茎簇生于根上，圆柱形，棒状，长1英尺或更长，具节，具条纹；叶片椭圆形，急尖，平展，半革质，当茎充分生长且将要着花时叶片脱落；花梗极短，近无，单个或2—3个从节上横向长出，每个花梗上通常着生2朵花；花中等大小，具芳香；萼片极度下垂，乳白色，椭圆形，两个侧萼片下延成一长而钝的距；花瓣也下垂，比萼片宽，更近卵形，其他特征与萼片相似，颜色也相同；唇瓣下垂，在下延的基部上略具爪和节，极不明显3裂，侧裂片退化，中裂片极大，卵形或近提琴形，先端尖且反卷；唇盘垫状，光滑且柔软，唇瓣外表为奶油色，而内表则为深金黄色，且具血红色的条纹和晕斑；子房细长，棒状，绿白色。

1852年，西蒙斯先生（Simons）从阿萨姆将这种俊美芬芳的石斛送到了邱园，它于1853年1月在那里开了花。由于正处在花期，所以当时它的茎上没有叶片。瓦里茨博士在尼泊尔发现了尖刀唇石斛。权威的林德利博士认为他收藏的、产于斯里兰卡的一种石斛及其变种是尖刀唇石斛的不同变型而已，尖刀唇石斛是一个分布十分广泛的物种。本种很容易栽培，特别是将它悬挂在搭着青草的浅口盘中。尖刀唇石斛一般需要一个休眠期。

1.花朵正面　2.合蕊柱和唇瓣　3.唇瓣正面

4，5.花粉块

希尔石斛　*Dendrobium hillii*

属特征：参阅前文。

本种特征：茎延伸至很长，具节，节间距3—4英寸，茎圆柱状，具多条纵沟，着生4—6枚叶片；叶片椭圆形或卵形，肉质至革质，深绿色，无脉；总状花序下垂，宽1—4英寸或更宽；花众多，萼片基部渐狭，渐尖，花瓣线形；唇瓣椭圆形，缀以横向的暗褐色线条，中裂片圆形，唇盘具两条脊线。

1861年，胡克先生在观察这种兰花的笔记中写道："许多年前，史密斯曾向我保证，一批保存完好的活体石斛植株从摩顿湾（Moreton Bay）送到了邱园，而且他说那些可能是布朗先生所说的波纹石斛（*D. undulatum*）。我虽然不曾见过它们开花，但有一件事是确定无疑的，那就是在我的标本室中有一株真正的 *D. undulatum*，这名称也曾在坎宁安先生（Cunningham）的手稿中出现过。还有一株来自佐治先生（A. C. Gregory）采自奥尔巴尼岛（Albany Island）的标本，这一点有穆勒先生的书稿以及吉利弗雷先生（M'Gillivray）在'响尾蛇'号航行中采自库提港（Port Curtis）

的一株标本为证。它和我们现在所研究的希尔石斛有很大的不同。正如它的名字所暗示的一样，波纹石斛的萼片极其俗艳，花瓣上呈独特的波状，唇瓣上具尖尖的裂片，其原产地为爪哇。林德利博士的异色石斛（*D. discolor*）也产于爪哇，记录在1841年的《植物绘本》中。林德利博士本人已经表明，异色石斛和布朗先生的波纹石斛是完全相同的。"

这样一来，我们现在所讨论的这种兰花必定是一个新物种，它的活体标本来自希尔先生（Walter Hill）——一位极度狂热的植物学家，同时也是摩顿湾植物园的督管。胡克先生用希尔的名字给这种兰花命名以示纪念。即使希尔石斛没有花朵，将它与大明石斛放在一起时，也立马能够通过其长长的假鳞茎以及叶片区分出来。希尔石斛密集的下垂总状花序、长长的锥形萼片以及狭长的线状花瓣都可以作为鉴别它的特征。

可能和预想中的一样，希尔石斛需要比大明石斛更高的温度。但和后者一样，希尔石斛需要在干燥的温室休眠一段时间。

1.合蕊柱、距和子房　2.花粉块

3.唇瓣正面

高山石斛

Dendrobium infundibulum

属特征：参阅前文。

本种特征：叶片披针形，渐狭，具细尖；萼片线状椭圆形；花瓣椭圆形，先端钝，宽度为萼片的3倍，向后延伸成漏斗状，花梗也为漏斗状；唇瓣侧裂片圆形，全缘，中裂片边缘具细锯齿，微凹。

上一次（1863年11月），当我在赫罗公司的克莱普顿苗圃中闲逛时，看到一种石斛属兰花的活体和干标本。它不久前才被一个商行从毛淡棉引进，并且暂时命名为毛淡棉石斛（*D. moulmeinense*），而且我发现好几个收藏家都是用的这个名字。我以为这种兰花没有被描述，而当看到林德利博士的《印度兰花研究》时，我立马发现这位多才多艺的植物学家对高山石斛的描述与赫罗公司苗圃中的毛淡棉石斛一模一样[1]。因此，它们很荣幸地成为了第一批成功引进的高山石斛。这种植物天生丽质，毋庸置疑，比与它关系最为密切的艳丽石斛还要迷人。在我面前正摆着一朵它的干花，平展长4英寸，茎顶端簇拥着大量干枯的花梗，充分展示了它繁花似锦的壮丽景象。帕里什先生2月在毛淡棉的山上发现开花的高山石斛，并赠送给了赫罗公司。就在同一座山上大约5000英尺高的地方，罗布先生似乎一年前就已经发现了它。帕里什先生提到，他在一个小篮子里栽培的几株高山石斛一次性开了44朵花，而且花可长时间保持不败。我有些怀疑，一些高山石斛萼片的形状和大小可能像须毛石斛一样存在相当大的变异性。

高山石斛和所有其他黑质粗毛类的石斛一样，需要在流水中生长。即便有很多水，也只有当出水量与进水量相当时它们才能勉强生存。所以，在用混有切碎的泥炭藓和少量纤维泥炭的陶器碎片填满花盆后，还应当保证它对水的特殊要求。此外，在其生长进程中，应保证充足的热量。

1　这些被命名为"毛淡棉石斛"的个体可能是特产于该地区的、株型矮小的变型，唇瓣偏红。——原注

1. 合蕊柱、唇瓣和距

罗氏石斛　*Dendrobium lowii*

属特征：参阅前文。

本种特征：茎直立，具黑硬毛；叶片卵形至椭圆形，尖端偏斜，背面被黑色短柔毛；总状花序上密集着生多朵花，花金黄色；萼片椭圆形，先端钝，边缘波状，背萼片甚长；唇瓣3裂，侧裂片短，线形至披针形，内卷，稍嵌入基部，中裂片长，漏斗状，具爪，近圆形，爪凸出且外卷，具毛簇；合蕊柱半圆柱状，具3齿。

　　林德利博士在《园艺纪事》中对罗氏石斛做了详细的描述，我从中摘录了一段："它是一种极具魅力的兰花，由克莱普顿苗圃从婆罗洲引进，并在园艺学会花卉委员会的一次会议中展览过。而它的植株片段似乎是和莫特利先生（Motley）从马辰（Banjarmasin，印度尼西亚中部城市）收集来的一种兰花为同一个物种。罗氏石斛的花极其迷人，有多达7朵大花密集地挤在总状花序上，花的直径足有2英寸，为活泼可爱的黄色，唇瓣具6条深红色的脉纹，其上被有长长的红毛。茎直立，长约1英尺，被无数黑点，叶片下部也具黑点，至叶片末端渐渐消失。罗氏石斛与石斛本种（*D. nobile*）关系密切，虽然它们的生长习性有些相似，但罗氏石斛更加修长，且两者的花在结构和颜色上也完全不同。"正如林德利博士所推断的一样，毫无疑问，罗氏石斛与石斛本种存在着很大的差别。不过，罗氏石斛黄色的花朵却不能作为鉴定它的唯一标志，在一些个体中会开白色的花朵。

　　罗氏石斛生长十分缓慢，需要一直栽培在热量丰富的东印度公司大楼中，它一般在秋季或冬季开花。罗氏石斛在野外生长在树上，罗先生的儿子在婆罗洲海拔3000英尺的开阔区域发现了它，林德利先生用他的名字给它命名，而这也是罗先生应得的荣誉。

1. 唇瓣和距　2. 唇瓣正面　3. 花粉块

淡黄石斛　*Dendrobium luteolum*

属特征：参阅前文。

本种特征：茎直立；叶片多，披针形，顶端偏斜，急尖；总状花序侧生，着花2—4朵，近同形；萼片卵形至披针形，先端钝，侧萼片长，突出，弯曲延伸，合生；花瓣与萼片同形；唇瓣3裂，侧裂片直立，近圆形，中裂片大，椭圆形，突出，先端凹陷，唇盘被茸毛。

淡黄石斛是石斛属新成员，原产于毛淡棉，由帕里什先生送给克莱普顿苗圃，同时送去的还有许多其他有趣的植物。除唇瓣上具少量红色条纹外，淡黄石斛的花均为淡黄色。事实上，若不是报春石斛（*D. primulinum*）这个名字已经给了另外一种和它完全不同的兰花，我们本应该叫它这个名称的。淡黄石斛的萼囊（或距）内卷，近与子房等长。其花直径约2英寸，边缘不像大多数石斛一样具波状或卷曲，而是出奇地直，花朵着生于侧生的短总状花序上，而总状花序生于茎上部（顶端没有）。它冬季开花，其漂亮的花朵几乎不会腐烂。遗憾的是这种兰花有一个怪癖，那就是它的芽不从茎基长出，而是从茎的侧面或顶端发出。所以一旦它们的芽长出根来，就必须将芽除掉，然后再将它们放回母体植株的花盆中，不久之后它们就能长得极其茂盛。

与淡黄石斛关系最为密切的是尖刀唇石斛。

1. 合蕊柱和药帽

麦氏石斛

Dendrobium maccarthiae

属特征：参阅前文。

本种特征：茎不分枝，长1.5—2英尺，近鹅毛管粗，具条纹，节稍膨大，节间距半英寸；叶片少，生于茎上部，披针形，长2.5—3英寸，宽0.75—1英寸；总状花序1—3个，生于叶腋，每个具花4—5朵；花梗白色，长约1.25英寸，基部具几个鞘状苞片；花美，长近3英寸，宽3.5英寸，竖直方向上扁平，淡紫色；萼片狭披针形，近与花瓣等长，花瓣宽，长圆状披针形；唇瓣与花瓣等长，略呈不规则四边形，先端钝圆，微凹，浅3裂，上表面略具龙骨状突起，白色，喉部具大量紫色小圆点，唇盘上具一紫色大斑块，顶端具宽淡紫色边缘，具约7条暗紫色纵纹；合蕊柱白色，略带一些紫色调，近正方形，具两个直立的平截或微反折的角，两角之间为头盔状的药室；花粉块4枚，黄色，黏结成一个椭圆形的块状。

麦氏石斛，石斛属最迷人的种类之一，在斯里兰卡已经很难见到，植物学家们也已经很久没有发现它的踪迹了。麦氏石斛为附生兰，从大树的树干上垂下，生长于拉特纳普勒（Ratuapoora）附近和靠近加勒（Galle）的丛林中。在当地，它被称为Wissak-mal，意为"雨季的花"或"五月花"。它最初由思韦茨先生（Thwaites）送给邱园，并于1864年首次绽放出花朵。

麦氏石斛是斯里兰卡最漂亮的兰花，胡克先生为感谢麦卡锡女士（MacCarthy）而给它这个名字。多才多艺的麦卡锡女士是斯里兰卡殖民大臣麦卡锡先生的夫人，她的善良和对科学的尊重与关心惠及很多植物学家。尽管麦氏石斛早些时候在邱园开了花，但它最初面向公众展览却是在1865年。

在南肯辛顿（South Kensington）周二会议上，曼彻斯特的恩兹韦斯博士（Dr. Ainsworth）将一株漂亮的植株送去参加展览，从那以后它就出现在了其他收藏家的庄园中。麦氏石斛在湿热的环境下很容易栽培，似乎不需要任何休眠，因为它一直在不停地长出新的根系。一般在夏季和秋季绽放出繁盛的花朵（开花的时候叶片仍在），花可持续绽放2—3个月而不败。最适合的栽培方式是将它放在浅口的花盆中，并悬挂在离青草较近的地方。麦氏石斛是最漂亮也最值得收藏的兰花之一。

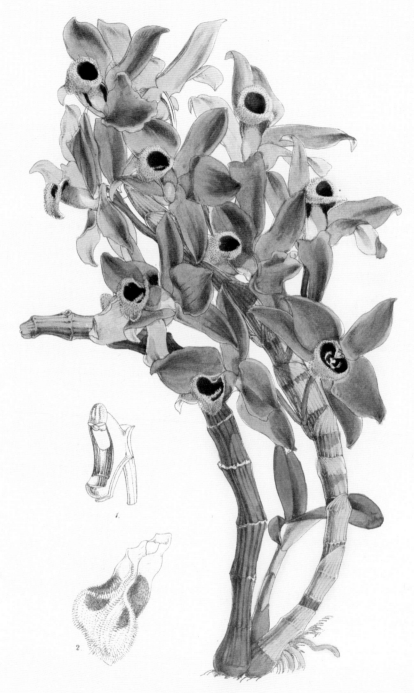

1.合蕊柱　2.唇瓣

紫瓣石斛　*Dendrobium parishii*

属特征：参阅前文。

本种特征：茎长 1 英尺或更长，整体很厚，向下弯曲，幼茎被一层白色薄膜，第二年脱落；叶片坚硬，革质，长 2—4 英寸，先端钝，微凹，第一年脱落；花通常 2 朵，稀 3 朵，自由地着生于一假总状花序上，花序短，超过茎的一半；花梗长近 2 英寸；萼片长为花梗的一半，长卵圆形，先端急尖，呈亮丽迷人的玫瑰色，基部逐渐淡化为白色；花瓣颜色与萼片一致，比萼片略宽，具爪，卵形，略钝；唇瓣呈一个整体，比萼片短，平展时近圆形，先端细尖，具兜帽，正面和边缘具茸毛，在喉部两边的内侧具紫色的标记，唇瓣中心和边缘颜色稍浅，边缘反卷。

1862 年，帕里什先生将这一石斛属的新成员从毛淡棉送给赫罗公司克莱普顿苗圃。去年（1865 年）它们开出了美丽的花朵——不仅仅在克莱普顿苗圃中，还在拉克先生和戴先生的私人花园里。第一眼看紫瓣石斛时会发现它与石斛（*D. nobile*）有许多相似之处，可实际上它们完全不同。即使在没有花的情况下，通过茎的特征，就可以轻易地将它们区分开来。紫瓣石斛的茎粗壮且僵硬，生硬地向下弯曲，无叶片着生；而石斛和细茎石斛（*D. moniliforme*）的茎直立，向基部逐渐变窄。后两者的花期同样也与前者不同，它们仅在冬季开花，而紫瓣石斛则在夏季开花。

翻阅一下《柯蒂斯植物学杂志》最新的几卷，可以发现英国的收藏品中增添了大量漂亮的兰花新种，这要归功于帕里什先生的热情和上进心。他的眼睛似乎生来就是为了在这个富足国家迷人的植物世界里探测所有新物种。目前他成了英国的一名文书工作者。而他的大多数备受瞩目的新物种的发现正是在石斛属上，这也是为何每当石斛属有新物种发表时，人们总是会不由自主地想起他的名字。毕竟他辛勤钻研，为这个属的研究做出了巨大的贡献。

1. 唇瓣和合蕊柱

绒毛石斛 *Dendrobium senile*

属特征：参阅前文。

本种特征：茎纺锤形，长约 6 英寸，着生 2—3 枚叶片；叶片革质，倒卵形，比茎略短，先端尖，茎和叶片上均被白色短绒毛；花成对着生于茎侧，偶见一朵单生，肉质，一律深黄色；萼片舌状，先端急尖；花瓣比萼片宽很多，略呈楔形，长仅 1 英寸；唇瓣 3 浅裂，侧裂片钝圆，半卵形，中裂片急尖，唇瓣基部隐约具胼胝体，胼胝体具 3 沟，其上具少量辐射状的黄色条纹；合蕊柱顶端具 3 齿。

绒毛石斛在兰花中的形态，就如多肉植物中的翁柱（*Cereus senilis*），它的茎和叶上散布着大量的白绒毛——而在插图中这些白绒毛必然表现为黑色。绒毛石斛的白绒毛和持久不谢的黄花，瞬间使它成了一种独一无二且魅力非凡的植物。1865 年 4 月，奈普斯利地区的绒毛石斛开花了。本文中的绘图是参考这些开花植株和赫罗公司慷慨借出的野生材料、对两者进行比较后完成的。绒毛石斛是一种十分精致且生长缓慢的兰花，一般应放在浅口花盆或木块上栽培，且需悬挂在离草近一点的地方。绒毛石斛是帕里什先生在毛淡棉发现的众多有趣的植物中最引人注目的种类之一。

1. 唇瓣和距　　2. 合蕊柱、距及唇瓣基部

3. 唇瓣正面　　4. 花粉块

黄脉石斛

Dendrobium xanthophlebium

属特征： 参阅前文。

本种特征： 茎长超过 1 英尺，近似鹅毛笔粗细，具节，节上略被鞘，具棱，簇生，以致和假鳞茎外形相似，幼茎上稀疏着生叶片；叶片线状披针形；花通常成对着生于短花梗上，从茎节向上开出；萼片和花瓣纯白色，萼片披针形，花瓣近卵形且更开放；唇瓣中等大小，底部渐尖形成爪和距，3 裂，侧裂片大，直立，具深橙色斑点；唇盘具 3 条隆起的脊，中裂片近圆形，边缘钝圆，波状，中间呈朱砂色，边缘白色，这或许正是它名字的来源；合蕊柱极短，药床与药帽均凹陷，药帽平截形；花粉块 4 枚。

这位十分迷人的石斛属成员原产于毛淡棉。1863 年，帕里什发现了黄脉石斛，并移送给赫罗公司。它已经在好几个地方都开了花，但最漂亮的还是拉克先生的，正是他为我们的绘图提供了标本。

当第一次注意到黄脉石斛茎上居然没有毛的时候，我还特地去查看了林德利博士在《印度兰花研究》一书中的相关形态描述。但是在其随后的生长过程中大量茎毛的出现，让我再次对比了这个特征，也发现了之前的错误，我很高兴能够借此机会纠正过来。黄脉石斛春天开花，是一个非常独特且引人注目的物种，在栽培实践中比其同类更受青睐。

黄脉石斛

1. 花朵正面　2. 合蕊柱　3. 唇瓣

颖状足柱兰

Dendrochilum glumaceum

属特征：萼片与花瓣同形，离生，开展；唇瓣全缘，近似萼片，基部凹陷或龙骨状凸起，有时具冠毛；合蕊柱短，半圆柱状，前端向前突出成角状，尖端具锯齿或蕊喙；花粉块4枚，离生，内弯。——附生草本；叶片革质，假鳞茎常单生；花序顶生或侧生，丝状，多花着生；花小，近完全开放，具苞片，二列排列，苞片覆瓦状排列。

本种特征：假鳞茎小，聚生，形成向外扩散的密集的一大片，幼时为梭形，成熟后更近于卵形，幼茎被2片或更多大鳞片；鳞片常为红色，外部还具一片更大更长的鳞状鞘，长3—4英寸，略呈圆筒状，黄褐色中兼有些许红色色调；叶片单生，阔披针形，极钝，叶脉清晰，向下渐狭成长柄，被鳞状鞘包围；总花梗生于假鳞茎顶端，下弯，细长，丝状，基部具鞘（和叶柄的相同），着生一串优雅的花序；花序伸长，下垂，线状长圆形，密集着生许多花朵；花朵二列排列，白色，无柄，在尚未完全开放时其花序与石仙桃属（*Pholidota*）极其相似；花苞片披针形，紧包花朵，上表白色，下表深黄褐色；萼片与相对较小的花瓣形态相同，向外开展，长椭圆形，先端渐尖；唇瓣小，向外突出并反卷，3裂，侧裂片先端急尖，向前弯曲，中裂片圆形，唇盘具两片长椭圆形的瓣叶或薄片；合蕊柱短，两侧扁平，近基部两边均具刺状齿，顶端具二裂的锯齿状翅；药帽锥形兜状，位于小小的柱头之上。

颖状足柱兰和丝穗足柱兰（*D. filiforme*）无疑是最为高贵、雅致的兰花种类，同时也在最值得培育的兰花之列。它们的叶片对于植株来说相当硕大，基部包裹有彩色的鳞片状叶鞘。花序上紧密着生许多象牙色的花，花二列排列，从细长近丝状的、弯曲的花梗顶端垂下，牢牢吸引住人们的眼球。颖状足柱兰是由卡明先生（Cuming）引进的，其原产地为菲律宾。本种在湿热的温室里能很好地生长，放在花盆中栽培最佳，这样一年四季它将繁花满枝且芳香四溢。

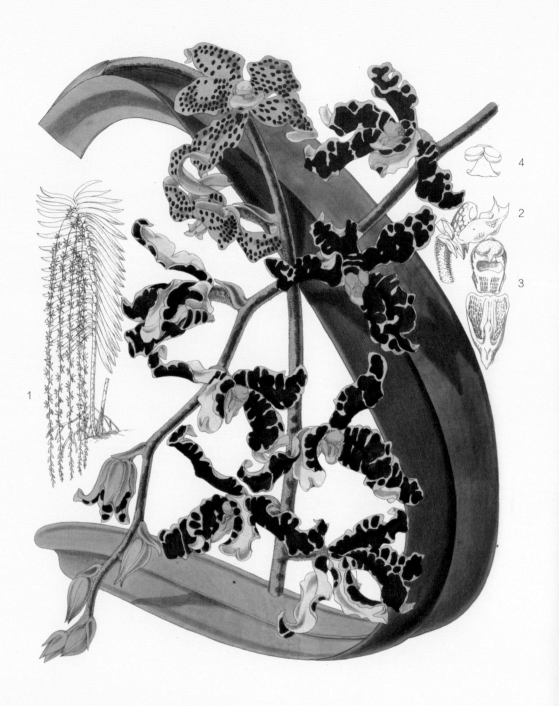

1. 植株缩略图　　　2. 唇瓣及合蕊柱侧面

3. 唇瓣及合蕊柱正面　　4. 花粉块

罗氏异花兰

Dimorphorchis lowii

[*Renanthera lowii*][1]

属特征：花瓣开展，花萼近同形，线状至匙状，上面的两个大很多，波状，具爪；唇瓣小，无柄，具两个突起，下部钻形至囊状，3裂，侧裂片直立，圆形，中裂片急尖，卷曲，基部收缩；子房直立；合蕊柱短，无翅；花药药室开放，钝圆，凋落，假2室；花粉块2枚，后部2裂，具柄，花粉块柄宽，膜质，粘盘近基部膨大。

本种特征：茎干明显，粗达1英寸，可攀爬至很高，其上着生大量叶片；叶片带状，先端斜钝，革质，长1.5—3英尺；花序悬垂，生于茎上部，被疏毛，长达6—12英尺，着花30—50朵；同一花序上具两种花，最下方的2朵（偶尔3朵）始终为茶黄色，且具深红色圆斑，花朵其余部分为淡绿色，内表布满不规则的红棕色斑块；而普通花的萼片和花瓣呈波状，披针形，急尖，下部的更加短钝，肉质化程度也更高；唇瓣长度不足萼片的一半，肉质化程度高，卵形，前部具一喙状小角，沿唇盘内表具5条平行的脊；合蕊柱极短。

在火焰兰属这个种类众多的大家族中，几乎再难找到比这里讲述的罗氏火焰兰更加引人注目的。无论是其豪华的生境，还是花序长度，罗氏火焰兰在东方世界的兰花中都已经达到了君临天下的境界。而它最独具一格之处，则在于同一个花序上有两种形态完全不同的花。通过仔细观察花园里的鲜活植株，莱辛巴哈教授发现了这个独特的特征。他深信罗氏火焰兰不同寻常的两型花现象与雌、雄花分工并没有任何关系，因为两种形态的花中所有的器官都是完整的。此外，这种二态现象与之前观察到的天鹅兰属（*Cycnoches*）和龙须兰属（*Catasetum*）花的变化，以及在《植物绘本》和《墨西哥和危地马拉的兰花》中所列举的各种各样的例子完全不同。在后者中，那些形态变化后的花与正常形态的花之间或多或少都有一定的联系，而且它们的形态变幻莫测，甚至可能被当作一种怪胎。而在罗氏火焰兰中，这两种花的形态是稳定不变的，正如本文图版中所展示的一样，在每一个花序的基部都可以看到一对黄褐色的花朵。

独特的罗氏火焰兰原产婆罗洲，为克莱普顿苗圃已故的罗先生所有。最初它是被在纳闽岛担任库务司的小罗先生送给父

1　本种现在的名称为罗氏异花兰，原学名直译应为罗氏火焰兰，因此正文中仍译为罗氏火焰兰。

亲老罗先生的。为了纪念，林德利博士用他们的名字为这种兰花命名。维奇先生也曾引进该植物，我有幸在他切尔西的苗圃中第一次目睹开花的罗氏火焰兰。然而，直到1862年秋天，在拉克先生庄园里的罗氏火焰兰开花后，它的韵姿才充分展现在了人们面前，也有了描绘它的第一幅画作。当时，《园艺纪事》上记录了关于它的详细描述。1864年9月，拉克先生的罗氏火焰兰又一次开花，其形态与描述中的几乎完全一致，但其花朵比第一次的更多，也更加漂亮。

　　我从拉克先生的园丁皮切尔先生（Pilcher）的备忘录里了解到，这株来源于万司沃斯（Wandsworth）的植株高达9英尺，具有6个花序，每个花序上着生40—50朵花，且持续开放1个月。花序伸展得极长，因此必须依靠在支撑物上。花序优雅地垂下形成垂饰，行人都可以漫步其下了。东印度公司大楼的温度对于罗氏火焰兰来说正合适，它生长得极其茂盛。似乎是为了反抗被禁锢在这狭窄的空间里，罗氏火焰兰恼怒地要冲破兰花室低矮的屋顶。

林德利博士是唯一见过从婆罗洲送来的原始植株的人，他将它鉴定为万代兰属（Vanda）。但莱辛巴哈教授最近恰巧看到活体植株的花，他认为将它放到火焰兰属中更合适。我赞同这位德国教授的观点，毫不犹豫地将 *Vanda lowii* 替换成了 *Renanthera lowii*。

1.唇瓣　2.合蕊柱　3.花粉块

美丽二色树兰

Epidendrum dichromum

var. amabile

属特征：萼片开展，近同形，侧萼片基部不向下延伸；花瓣同形或不同形；唇瓣具爪，与平行的合蕊柱整体或部分合生，唇瓣全缘或开裂，基部常具一对胼胝体，中间有时具中肋或蕊柱管，或延伸成距，其柄因此沉没在合蕊柱的串孔形状中；合蕊柱伸长，药床边缘常具纤毛，半圆柱状，无角，基部常具沟；花粉块4枚，革质，同形，扁平；花粉块柄适度反折，无分离的黏质物；花药肉质，2—4室。——附生草本，或陆生，分布于美洲热带地区；茎有时呈假鳞茎状，或伸长，具叶片；叶片肉质，中脉清晰，具隆起的条纹；花单生，生于穗状花序或总状花序或伞房花序或圆锥花序上，顶生或侧生。

本种特征：假鳞茎簇生，长3—6英寸，光滑，长椭圆形；每个鳞茎上着生2—3枚带状叶片，长6—12英寸或更长，先端钝，刚硬且直立；野生状态下，花葶高3英尺或更高，着生多花的圆锥花序；花朵在颜色和大小上各有差异，大的可能和图片中的大小一样，且为绚丽的玫瑰色，而其他的则是全白色，相对来说要小得多；萼片长约1英寸，线状披针形，先端急尖；花瓣倒卵形，比萼片宽；唇瓣3深裂，中裂片倒心形，布有许多罗纹，深红色，边缘颜色较浅，侧裂片更短，从底部向外展开，白色，从外往里向紫色过渡；合蕊柱与唇瓣侧裂片等长，着生两片短且钝的翼。

这种迷人的树兰是克莱普顿苗圃去年从巴希亚引进的。它不但被引进，还迅速进入了伦敦附近所有主要博物馆。伦敦栽培的很多美丽二色树兰都已经开花，去年（1864年）秋天，我有幸能够在巴希特先生（Bassett）、荷洛威（Holloway）的威廉先生和哈默史密斯（Hammersmith）的李先生（Lee）的庄园里一睹它花开时的芳容。这几个地方所栽培的变种各不相同，巴希特先生的变种的萼片和花瓣是银红色的，威廉先生的是近白色的，而李先生的——也是本文绘图的原本，萼片和花瓣的色调是前两者混合的最佳状态，以至于我要冒昧地用"可爱的"（amabile）这个独特的名称去夸耀它。

赫罗公司的采集人曾在河边肆意生长的矮灌丛中发现美丽二色树兰。它们将根深深地扎在所生长的沙土中，不避风雨但仍欣欣向荣。按照它们野外生长环境的特性，一些人试着将它们栽培在沙土罐中。事实证明，这样还不如将它们养在一块木头上，或是在装满陶片的罐中。它们生长时需要很高的温度，可以暴露在阳光下生长。

当我第一次遇见这种兰花时，我认为它可能是一个新种，而现在我承认莱辛巴哈教授将它鉴定为林德利博士所说的二色树兰是对的。虽然仍有一些细微的差别，但将它们看作是分化成了不同变型更自然、恰当。

由于花色相对来说不是那么艳丽，树兰属植物通常不受兰花爱好者的欢迎。但我们今天所讲的美丽二色树兰是个例外，它甚至可以与朱虾兰属（*Barkeria*）最好的品种以及后面将要介绍的其他大美人相媲美。说到朱虾兰属，我要特别提一下粉红树兰（*E. erubescens*）。它的圆锥花序差不多是二色树兰的四倍，不过两者的颜色很相似。粉红树兰产自瓦哈卡州，20多年前就曾有人将它引进栽培，但可惜由于环境太热枯死了。既然我们现在对它的管理已经驾轻就熟[1]，理所当然地，应当开展重新引入这种优良植物的尝试。

1　让我感到欣喜的是，就在今年（1866年）春天，我收到了一个来自墨西哥的包装精细的包裹，里面正是这种迷人的植物。它们在史蒂芬先生的庄园里等候买主的到来——虽然并不是以 *erubescens* 之名（因为当时它的身份之谜还没有被揭晓）。和其他从墨西哥更温暖的地区引进的兰花一样，它可能也需要更干燥的环境，而不能像来自新格拉纳达和秘鲁的兰花一样，在温凉的条件下生长。毋庸置疑，将它放在木头上或者陶器内栽培会是最好的选择。——原注

多花树兰 *Epidendrum myrianthum*

属特征：参阅前文。

本种特征：叶片线状披针形，急尖，具鞘，并具黑色斑点；圆锥花序复总状舒展，具分枝；苞片具刚毛；花梗与子房等长；萼片膜质，椭圆形，先端钝；花瓣线状至匙状；唇瓣长，4裂，两个胼胝体截形，线状且等长，反卷，侧裂片近全缘，中裂片尖端裂开；药床两侧钝，其附属结构背侧膜质，兜状，2裂。

多花树兰是树兰属最迷人的成员。许多年前，斯金纳先生在危地马拉高海拔山区发现了它。他引进到英国的多花树兰植株中仅有几株勉强存活在我们的资源圃中——毫无疑问，由于所处生境温度太高，多数个体早已枯死。奈普斯利恰好还有一株存活的多花树兰，但它的根却细若鸟羽，我将它移到一个比较阴冷的温室中，它又老又弱的茎便迅速强壮起来，它的根也快速地长出，是温室中其他植物的3倍。其生长状况目前已经有了很大改善，我想不久后它就会像保存在林德利博士的植物标本馆中的干标本一样，繁花满枝。本文的配图便是由费奇先生依据林德利博士收藏的标本绘制的。

奈普斯利冷温室中的这株多花树兰茎高1码以上。1866年6月，它终于绽放出了花朵，而且花朵持续了很长一段时间。在此处对多花树兰的概述中，可以找到一些对其生境的管理技巧。

多花树兰

林树兰　*Epidendrum nemorale*

属特征：参阅前文。

本种特征：假鳞茎聚生，卵形，着花的假鳞茎狭卵形，表面光滑，深绿色，多少被以鳞状鞘或纤维质的宿存物；成熟的假鳞茎裸露，更大更宽，但颜色略淡，具皱褶；叶片 2 枚，生于假鳞茎顶端，长 10—12 英寸，宽线形或丝状，先端钝，仅具 1 中脉；花葶生于叶脉，鹅毛管粗，除被鞘状花苞片的部分均具疣粒，在近与叶片等长处优雅地下垂，着生一分枝的圆锥花序，花序上着生许多淡紫色和白色的花，花序分枝和子房均具微小的疣粒；萼片和花瓣同形，长 2 英寸，线状披针形，水平向外展开；唇瓣长超过 2 英寸，下垂，3 裂，侧裂片长椭圆形，呈镰刀状，半抱合蕊柱，中裂片极大，倒卵形，呈长菱状，先端渐尖，具暗红色的条纹和线条，边缘圆锯齿状，唇盘白色，着生两片薄瓣；合蕊柱与唇瓣侧裂片等长，深紫色，每个花药之下具一白色翅；药帽半球状。

林树兰是该属中非常可爱的兰花，不仅美丽动人，而且芬芳四溢。它原产墨西哥，由劳迪盖斯先生引进。林树兰需要中等温凉的温室生境，一般在初夏开花。

当林德利博士在《植物绘本》上发表他对这种兰花的描述时，使用了 *verrucosum* 作为林树兰的种加词，可惜他当时不知道有一种古老的西印度物种已经以相同的名称被发表了。后来林德利博士发现了自己的错误，并将林树兰的种加词改为 *nemorale*。

林树兰

1.合蕊柱和唇瓣俯视图　2.合蕊柱正面　3，4.花粉块

棱果树兰

Epidendrum prismatocarpum

属特征：参阅前文。

本种特征：假鳞茎先端急尖，向上延伸成颈状，绿色，具不明显的沟，顶部着生3枚叶片；叶片舌状，松软，微革质，长约1英尺，宽1.5英寸；花葶生于叶片中心，圆柱状，直立；总状花序长约1英尺，花多；苞片极小；花梗长仅1英寸，顶端为倒圆锥状且具三棱的子房；萼片和花瓣形态相同，向外展开，长1英寸多，长圆状披针形，先端短渐尖，鹅黄色，缀以大小不一的深紫色的斑点，萼片上的斑点少于花瓣，或无斑；唇瓣与花瓣等长，具爪，白色，基部淡绿色；两片侧裂片短圆形，先端极钝；中裂片塔形，先端渐尖，上表具一紫色大斑块，颜色不均匀；唇瓣粘盘有一条隆起的脊，在下半部分纵裂；合蕊柱半圆柱形，顶端为三个基部具棕斑的伞状裂片。

这种外形奇特的树兰属植物，似乎曾被冠以 *E. uroskinneri* 的名字栽培在一些花园中。但毋庸置疑，就像林德利博士所说的一样，它与1852年《柯蒂斯植物学杂志》基于干标本所发表的物种 *E. prismatocarpum* 是完全相同的，依据是其子房外侧的三条明显的棱或翼。它的原产地为中美洲贝拉瓜的奇里基峰（Chiriqui），是植物爱好者沃兹赛维克斯先生诸多有趣新发现中的一个。莱辛巴哈教授当时似乎认为它是一个特征不太明显的变型，说它"花小，唇瓣棕色，有斑点"，实际上当地所有栽培的物种都没有这些特征。

棱果树兰是树兰属中最出色的成员之一，只要环境不是太温热，都很容易栽培，卡特兰属植物的生长环境对它来说也最合适。其花期为5、6月份，花开放时间较长，赫罗公司和温切斯特主教都成功地栽培了这种植物。

1. 子房、杯状结构和唇瓣上部　2. 唇瓣和花柱基部　3. 合蕊柱上部（示柱头和花药）

威廉美蕉兰

Epistephium williamsii

属特征：花被片基部坛状，相互包卷，边缘具齿；萼片开展或反卷，离生，侧萼片前伸；花瓣宽或窄；唇瓣离生，分裂，近将合蕊柱包裹，唇瓣具髯毛或冠毛；合蕊柱半圆柱状，柱头之下具两个小管，尖端膜质，膨大，3裂，中裂片兜状，具花药；花药位于顶端，几乎均为2室；花粉块4枚，扁平，基部后面具褶。——陆生草本，分布于美洲等地区；叶片外弯，叶脉清晰；花大且突出。

本种特征：地上茎直立，丛生，圆柱形，肉质，高约18英寸；叶片半抱茎，互生于茎上部，亮绿色，长椭圆形，先端急尖，长3—4英寸，叶脉不明显，无网状脉；花亮紫红色，5—8朵排列于穗状花序上，花序直径3英寸；苞片小，卵形，先端急尖；子房长1英寸，顶部具很短的杯状结构，具6个小齿；萼片分离，长约1/4英寸，长椭圆形，背萼片略呈倒卵形；花瓣长且宽，唇瓣中部具裂片，边缘微呈波状，与花瓣同色，唇盘具2个斑块，斑块中间白色边缘深紫色；唇盘被黄色冠毛；合蕊柱具狭翅，柱头边缘具钝齿。

这是一种非常奇特且迷人的兰花。威廉先生从巴希亚引进到英国皇家植物园邱园，在史密斯先生的精心照顾下，于1864年夏天绽放出了美丽的花朵。威廉美蕉兰所隶属的美蕉兰属植物均分布在南美洲热带地区，通过子房顶部冠状具齿的杯状结构，可将它与形态相似的折叶兰属（*Sobralia*）区分开来。以往的描述中提到这个属具明显的网状叶脉，但这个特征也许只能在干枯的植株中才能明显表现出来。事实上，美蕉兰属的叶片革质化程度很高，且表面最为光滑，几乎看不到叶脉。这个属的许多物种正在慢慢被发掘，尤其在巴西和秘鲁地区。美蕉兰属植物不会辜负你为得到它们而付出的巨大努力，因为它们和折叶兰属一样易于栽培，而且相对来说常成丛分布，找起来不那么费劲。

1.合蕊柱 2, 3.花粉块

德文盔蕊兰 *Galeandra devoniana*

属特征：花被片开展；萼片与花瓣近同形，向上展开；唇瓣漏斗状，不裂或不明显 3 裂，无距，内部瓣片（4）膨大；合蕊柱直立，膜质，具翅，药床倾斜；花粉块 2 枚，后部内弯，花粉块柄短，粘盘短，分叉成两瓣，贴生。——地生或附生草本；茎上具叶片；总状花序顶生。

本种特征：无假鳞茎；茎簇生，基部合生，高 3—5 英尺或 6 英尺，基部具鳞片，上部多叶；叶片基部多被鞘，线状至剑形，渐尖，具条纹，光滑，膜质；圆锥花序顶生，着生几朵大花，分枝和花梗上均具苞片；萼片和花瓣展开且略向上，披针形，具条纹，暗紫色，边缘和背面基部绿色；唇瓣极大，向前突出，白色，具紫色先端和条纹，宽倒卵形，不明显 3 裂，边缘围绕合蕊柱聚合成管状，中度开展且后弯，先端钝，内表近基部具 4 枚薄片；合蕊柱位于唇瓣管状部分内部，边缘略具翅；花药具冠，冠状结构大，直立，被茸毛。

德文盔蕊兰是南美洲兰花中最优美的成员之一，最初由尚伯克先生（Schomburgk）在亚马孙河的支流尼格罗河（Rio Negro）流域发现。最近，斯普鲁斯先生（Spruce）和其他人也在相同的地方发现了更多。尚伯克先生所见的德文盔蕊兰植株高 5—6 英尺（通常长在地面上），簇生或成片生长，种群间相距 10—12 英尺，围成一圈。一般认为德文盔蕊兰难以管理，因此很少有人栽培。但拉克先生将其栽培在东印度公司大楼的花盆中，它们生长得欣欣向荣，一年开两次花，花极美。德文盔蕊兰和来源于同一个国度的斯坦吉亚娜盔蕊兰（*G. stangeana*）一样，也需要栽培在暖和的温室中，但其他的兰花都更偏爱冷一点的环境。

1.唇瓣　2.合蕊柱和花药

黄花盔蕊兰　*Galeandra dives*

属特征：参阅前文。

本种特征：附生；假鳞茎似茎，伸长，长 1 英尺或更长，窄，近圆柱状，聚生，着生几枚叶片；叶片披针形，半膜质，渐尖，近直立，具 3 条主脉和一些侧脉，上表暗绿色，下表色略淡且微具白霜；总花梗生于假鳞茎顶端，短，具下垂的总状花序，花序轴上排列 10—14 朵黄花；苞片生于花间，钻状，膜质，总花梗处的较大，其余的均较小；萼片和花瓣形状与大小相近，披针形，先端反卷；唇瓣漏斗状（与凤仙花属植物的具长距的萼片不同），基部深黄色，边缘色较淡且具血红色条状色斑，不明显 3 裂，侧裂片内卷，且互相叠压，中裂片钝且微凹，边缘深波状，先端具短尖且后弯，唇瓣基部延伸成一长直的距或尾，长于子房；合蕊柱被唇瓣包围，细长，半圆柱状；花药头盔状，先端后弯。

关于这种盔蕊兰，目前仍存在着很多令人疑惑的地方，而我已经尽我最大的努力去探究了。约 1833 年，本属的一种较原始的兰花——鲍尔盔蕊兰（*G. baueri*）——的花（放大后）在林德利博士的《兰科植物图鉴》上出版。据说它的原产地为卡宴（Cayenne，法属圭亚那首府），对此我深信不疑。后来巴克先生从墨西哥引进了一株黄花盔蕊兰，没几年它就开出了两三朵孤伶的花。林德利博士看过花后，公开声明这种兰花和他的鲍尔盔蕊兰完全相同。不过，我现在认为他的说法是错误的。有人给黄花盔蕊兰的花作了一幅画，而这株黄花盔蕊兰因经受不住炎热环境而迅速枯死。之后不久，斯金纳先生从危地马拉送来一些兰花。在我看来毋庸置疑是一批鲍尔盔蕊兰，其中一株的花序上着生 20 朵花。基于巴克先生的标本，德雷克女士对这种兰花作了精细的绘制，并出版在我的《墨西哥和危地马拉的兰花》中。几年后，斯金纳先生栽培的一株兰花开花了，结果它并不是盔蕊兰，而是树兰属新种——蜥蜴树兰（*Epidendrum lacertinum*）。比起我最初的鉴定，这个新种不仅数量更加丰富，而且花的排列方式也完全不同。听到这样的消息，我的烦恼可想而知。谈及当初那个存疑的绘图，或许只能如莱辛巴哈教授所说的那样，因为溺爱而没有仔细考虑周全。我的已故好友胡克先生也曾和我犯一样的错误：他 1852 年收到了一些漂亮的盔蕊兰植株，将其作为鲍尔盔蕊兰的一个黄花变种发表了。实际上它们之间其实关系甚微，甚至毫无瓜葛。事实上，胡克先生的兰花就是莱辛巴哈教授所说的黄花盔蕊兰，是由沃兹赛维克斯先生在新格拉纳达发现并引进到英国的（遗憾的是目前已经不存在了）。如今，黄花盔蕊兰无疑也已经和墨西哥的鲍尔盔蕊兰一样因难以承受炎热的栽培环境而消失了。对于鲍尔盔蕊兰，我不相信人们曾在墨西哥以外的地方发现它。如果真是这样，林德利博士的那些来自卡宴的兰花，无疑是一个完全不同的物种。

1，2.移去萼片的花朵侧面和正面

3.平展的唇瓣　4.合蕊柱正面

5.花粉块的一个横剖面

埃利斯斑被兰

Grammatophyllum ellisii

属特征： 萼片开展，披针形，近同形；花瓣大，略不同，肉质，开展；唇瓣向后，3裂，包裹着合蕊柱；合蕊柱无翅，肉质，前面具管；花粉块8枚，花粉块柄4枚，具弹性。附生草本，具根茎和假鳞茎。

本种特征： 假鳞茎渐狭，棒形至梭形，单叶着生；叶片宽带状，外弯，基部具微管；总状花序外弯，多花着生；萼片开放，急尖，侧萼片驼背状隆起；花瓣是萼片的1/3，椭圆形，先端钝，直立，尖端卷曲；唇瓣与花瓣相同，可移动，基部囊状，3裂，中间具一对极狭的3裂薄片，两侧具3条隆起的耳翼；唇瓣中裂片卵形，急尖，侧裂片短，近镰刀状；花药瘤状突起，具冠状的内茎。

迷人的埃利斯斑被兰第一次开花是在埃利斯先生的温室中，正是他首次将它引进。他在写给林德利博士的信（1859年8月23日）中写道："我从马达加斯加带回来的植株中有一株假鳞茎很粗且为方形的兰花，它挂在和人的大腿一般粗细的树干上，离河面25英尺。它的根系很发达，但很短，白色且肉质，成簇生长在一起，比非洲豹斑兰（*Ansellia africana*）的根略长一些。其假鳞茎长7—8英寸，边长为1.25英寸，但去年有一条假鳞茎长达11英寸，

四方形的每边边长近2英寸。每个假鳞茎上着生5—6枚叶片，长1.5—2英尺，大小和长距彗星兰相近，但不像后者那样卷曲，肉质化程度比象牙彗星兰的低。穗状花序在小的植株上萌发，长约2英尺，着花30—40朵。埃利斯夫人给埃利斯斑被兰的花作了一幅彩画，还画了一幅植株的素描。"埃利斯先生与林德利博士交流了他的斑被兰后，林德利博士做出了以下评论："斑被兰属与兰属（*Cymbidium*）太过相似，它们今后很有可能会归并为一个属。然而，它们也有不同，首先是唇瓣和合蕊柱基部的袋状结构不同——这是它们之间最主要的区别；其次，通常斑被兰属的花粉块会通过其顶端的半月形腺体相互黏附——这被视为次要区别。我们眼前的这株标本在第一个区分特征上跟斑被兰属一致，而在第二个区分特征上则与兰属相符。在生活习性上，斑被兰属植物是非常多样化的，美花斑被兰（*G. speciosum*）具真正的茎，而埃利斯斑被兰和多花斑被兰（*G. multiflorum*）仅具假鳞茎，这种状况和石斛属、树兰属、文心兰属等大属很相似。"

作为一个独立的物种，埃利斯斑被兰最显著的特征包括以下几点：叶片宽，花瓣短，侧萼片突起，唇瓣光滑且中央具一条粗罗纹，从狭缝处分离成三条短瘦的脊，花药顶端着生一具柄的小疣粒。由于产自

马达加斯加，所以理所当然地，埃利斯斑被兰需要一直栽培在温度较高的东印度公司大楼中。如果花盆的空间足够大，它也将不遗余力地长得枝繁叶茂。

Pl. 143

1.唇瓣正面　2.合蕊柱

3.花粉块和花粉块柄

美花斑被兰

Grammatophyllum speciosum

属特征： 参阅前文。

本种特征： 茎或假鳞茎聚生，直立，高5—8英尺或10英尺，呈圆柱状缩合，下部具条纹，着生密集的大鳞片，上部着生叶片；叶片二列，长1.5—2英尺，带状，较宽，具鞘，先端急尖，革质；花葶基生，直立，圆柱状，光滑，近一指粗，长4—6英尺，多花着生；花疏，从基部向上着生于花梗上，具花苞片；花苞片大，长足有1英寸，宽卵状或披针形，绿色，顶端凹陷；子房具柄，圆柱状，宽且厚，肉质，长4—6英寸，近白色，花蕾棒状，长2.5英寸，与子房独立；张开的花朵直径近6英寸；萼片和花瓣充分张开并略反卷，波状，宽椭圆形或近倒卵形，黄色，缀以许多深紫红色小斑点和斑块；唇瓣相对整个花朵较小，3裂，长1.5英寸，裂片先端钝圆，侧裂片包裹着合蕊柱，唇盘具纵沟，中心具3片更向上隆起的部分，并具红色条纹，条纹上具纤毛，贯穿整个中裂片；合蕊柱略向下卷曲，半圆柱状，部分具红斑。

当这种高大的斑被兰最初被冠以Rumphia的名称引入到欧洲时，确实给了植物学家们和园艺学家们一个巨大的惊喜。活体斑被兰植株由已故的劳迪盖斯先生引进，最终于1852年在温室里成功开出花朵。虽然并不是一个完美样本，但也算是没有辜负人们的期望。而在当时它的绘图也出版在了帕克斯顿（Paxton）的《花园》（*Flower Garden*）中。

1859年10月，在厄尔河地区（Ewell）的无双公园，已故的法默先生栽培的一株更完美的斑被兰开花了。其成熟假鳞茎长9—10英尺，花葶优雅地从其基部伸出，长6英尺。布鲁姆先生（Blume）告诉我们，美花斑被兰的原产地为爪哇和印度洋的其他岛屿。它繁茂的枝干上点缀着引人注目的大花，给人一种威武的感觉，使它在兰花世界中占据一席之位。美花斑被兰需要栽培在东印度公司大楼持续的高温环境下，但它是一种"害羞"的植物，很少开花。而且它还有另一个严重缺点，那就是栽培它所需的空间很大。

1. 平展的唇瓣　2. 花粉块

蜡黄洪特兰　*Huntleya cerina*

属特征：花被片开展，近同形，侧萼片基部和先端内卷且倾斜；唇瓣扁平，具爪，菱形，开放，基部长且具纤毛，基部离生或与合蕊柱结合；合蕊柱棒状，尖端兜状，边缘具翅；花药2室，无芒；花粉块4枚。——叶片舌状，二列；花单生于叶腋。

本种特征：一种无茎的附生兰，4—5枚叶片簇生，叶片长约1英尺，楔状长圆形，先端锐尖；总花梗长2—6英寸，粗壮，生于叶片基部，单花着生；萼片和花瓣常近同形，花瓣略呈舌状，长1.5英寸，近圆形，顶端凹陷，肉质，淡草黄色；唇瓣舌状凸起，黄色，具褶，卵形，先端钝圆，唇盘基部具一极厚的半圆柱状的环领，由许多褶皱组成；合蕊柱棒状，基部有时具一蓝紫色或棕色斑块，花药上部不具膨大或药帽。

迷人的蜡黄洪特兰的最原始记录出现在1852—1853年的帕克斯顿的《花园》第3卷，其中包括林德利博士对它所做的描述和一幅花的木版画。林德利博士描述过一种名为 *H. violacea* 的植物，他毫不犹豫地将蜡黄洪特兰与它划分到同一个属中。事实上后者的合蕊柱是棒状的，而前者的却极其短粗。由于在生长习性及其他结构特征上蜡黄洪特兰都与洪特兰属种类惊人地相似，于是我接受了林德利先生的命名。然而，莱辛巴哈教授对它做了更权威的命名，即蜡黄修丽兰（*Pescatoria cerina*）。

蜡黄洪特兰最初由沃兹赛维克斯先生在奇里基火山海拔8000英尺的地方发现。拉克先生则是栽培它的第一人，甚至是它唯一的拥有者。直到最近新引进了一批，它的数量才逐渐多起来。维奇先生去年6月在南肯辛顿皇家园艺学会的周二会议上展览了一株漂亮的蜡黄洪特兰，费奇先生的绘图就来源于此。奈普斯利庄园的蜡黄洪特兰也开出了花，和维奇先生的相比，奈普斯利的花较大，但花茎更短，而莱辛巴哈教授画中的花茎长度是这两者的2倍。我也观察到，蜡黄洪特兰的唇瓣、萼片和花瓣的形态都有极大的变异性，尤其是在萼片和花瓣的相对大小上。

蜡黄洪特兰生长很慢，但很好管理，可以在任何适合毛足兰属生长的温室中栽培（毛足兰属中的很多物种都和它生长在同一地区）。蜡黄洪特兰的花通常可以开放很长时间。

1. 唇瓣

大花捧心兰

Ida gigantea [*Lycaste gigantea*]

属特征：花开展；萼片常不同形，延伸成短距；唇瓣中心具附属物，横向，全缘或凹陷，急尖；合蕊柱伸长，半圆柱状，常被柔毛；花粉块4枚，成对附着，花粉块柄渐狭，拉长，贴生，粘盘小，近圆形，蕊喙钻形。——草本，具假鳞茎；叶片具褶；花葶直立，基生，单花着生；花均美丽，苞片大，具佛焰苞。

本种特征：假鳞茎极大，高可达6英寸，长卵形，光滑，略扁，着生2—3枚叶片，叶片长半码至2英尺，具褶，长圆状披针形，渐尖；花葶直立，通常短于叶片，单花着生，上部被与萼片等长的舌状鞘；萼片卵形，偶线状披针形，黄橄榄绿色，先端极钝，侧萼片镰刀状；花瓣披针形，甚短于萼片，同为橄榄绿色；唇瓣长圆状披针形，3裂，侧裂片向上，急尖，甚短于中裂片；中裂片提琴形，压向唇瓣中心，先端反卷，边缘锯齿状；唇瓣下部为一横向鞍状胼胝体，先端微凹缺；唇瓣通常为深褐红色，并具橘色的窄边；整个唇瓣的外观似天鹅。

气宇不凡的大花捧心兰分布非常广，哈特维格在中美洲发现了它，珀迪（Purdie）在圣塔玛莎（Santa Martha）附近与它相遇，而林登则是在梅里达（Merida）海拔500—600英尺的丛林中找到它的。我们推测，在这些地方也许还有大花捧心兰的多个变型，它们在花的大小和颜色上有很大的差异，而在萼片和花瓣的大小与形态上的差异会小一些。大花捧心兰萼片和花瓣通常为黄橄榄绿色，而鞍状的唇瓣则为暗红褐色，且边缘为橘色。本文图片所参考的标本是维奇先生1866年7月在南肯辛顿所展览的一株。

所有的捧心兰都是半陆生的，因此应该栽培在大花盆中。它们在中等温度下就可以迅速地生长，但仍偏爱于兰花室中较荫蔽的角落。除了现在广受追捧的斯金纳捧心兰（*Lycaste skinneri*）之外，就数大花捧心兰最招人喜爱了。

1. 唇瓣和合蕊柱侧面　　2. 合蕊柱正面

3. 花粉块　　4. 唇瓣正面

聚花拟堇兰　*Ionopsis utricularioides*[1]

[*Ionopsis paniculata*]

属特征：萼片直立，同形，膜质，侧萼片合生成囊状；花瓣近与萼片同形；唇瓣膜质，与萼片等长，与合蕊柱平行，唇瓣反卷，基部渐狭，在边缘内部两侧具2片膜质的耳状翼，胼胝体2个，肉质，内侧具耳翼；合蕊柱短，直立，无翅，半圆柱状，蕊喙喙状；花粉块2枚，蜡质，半球形，后侧具凹陷，花粉块柄线形，粘盘倒卵形；花药2室，具喙。——附生草本，分布于美洲热带地区，无茎；叶片革质；花着生于总状花序或圆锥花序上，顶生，排列整齐，白色或淡紫色。

本种特征：叶片厚，具沟槽，2—3枚聚生，长约6英寸，线状披针形，具龙骨；花葶形成圆锥花序并散开，长1英尺或以上，着生大量精致美丽的花朵；萼片尖，仅长0.8英寸，花瓣宽于萼片，其余特征与萼片相同，白色；唇瓣极大，基部被短柔毛，2裂，裂片圆形并具突尖，在一些变种中近全白，而在另一些变种中唇盘上具一黄色或紫色或两色杂合的斑块；本图版中唇瓣边缘具两片圆形的薄叶耳，在叶耳上具两个更肉质的胼胝体；合蕊柱短，直立，无翼。

拟堇兰属中几乎全是一些不起眼的小家伙，这里介绍的聚花拟堇兰算是这个属中最迷人的一类了。莱辛巴哈教授推测聚花拟堇兰只是拟堇兰（*I. utricularioides*）的一个变种，如果他的推测没错，那么拟堇兰将是分布最广泛的兰花了，几乎遍布整个南美洲。本文所参考的拟堇兰标本，由克莱普顿苗圃从巴西引进。去年10月和11月，这些聚花拟堇兰成了他们的兰花室中最亮丽的风景。聚花拟堇兰有很多个变型，其中有近纯白的，有黄白色的，还有和本文图版中相似、在唇瓣上具可爱的紫斑的。聚花拟堇兰的花相当繁盛，而且可以持续开相当长的时间。事实上，有时为了使植株能够健康地生长，还要掐掉一些花序。它和蝴蝶兰属一样，会由于产生过量的花朵而抑制叶片的生长。聚花拟堇兰只需栽培在和一些精致的文心兰属相同的环境中就可以自由地生长，但需要将它放在一块木头上。或者，最好是放在用陶器模拟的木头块上，即所谓的branch-orchid pot。它不能忍受太热或太湿的环境，或许最适合它的还是墨西哥室（Mexican-house）。

1　本种现名为拟堇兰，由于作者在文中提到了和拟堇兰的对比，因此暂将其中文名译为聚花拟堇兰。

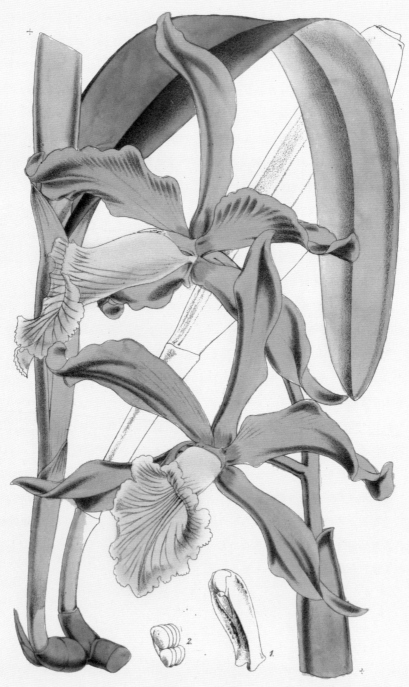

1.合蕊柱 2.花粉块

大花蕾丽兰 *Laelia grandis*

属特征：萼片展开，同形，披针形；花瓣较大，稍不同，肉质，开放；唇瓣前伸，具3部分，薄片状，近包围合蕊柱；合蕊柱无翅，肉质，前面具小管；花药药室开展；花粉块8枚，花粉块柄4枚，具弹性。——附生草本，根茎着生于假鳞茎下；叶片肉质；花葶顶生，少花，或多花；花美丽，具芳香。

本种特征：附生，茎高不过1英尺，基部狭窄，向上膨胀，着生1枚坚硬的叶片，叶片基部宽于顶端；总花梗生于1枚大佛焰苞内，着花2朵；萼片披针形，长约2英寸，淡黄色，花瓣中部比萼片更宽，同为淡黄色，微卷，在一些植株中边缘具齿；唇瓣3裂，白中带紫；合蕊柱完全被唇瓣侧裂片包围。

这种美丽的蕾丽兰最初是在巴黎的莫雷尔先生（Morel）的庄园中发现的。1850年它在那里绽放出了花朵，第二年出现在伦敦的一个大型展览会上，但从那以后它就从收藏者的花园中彻底销声匿迹了。直到1864年，克莱普顿苗圃才从巴希亚的采集员那里得到几株大花蕾丽兰，并重新引进。而就在同一个地方，且几乎是同一时间，威廉先生将几株样本送到了邱园。1865年夏天，其中一株开出了灿烂的花朵，著名画家费奇先生趁此大好时机将它画了下来，而那幅画也成了对这种兰花的颜色进行描述的第一幅作品。虽然大花蕾丽兰在费奇先生的画中和《帕克斯顿的植物学》杂志的木版画中的形态有些差异，但实际上这是由于它们的绘制对象不同造成的。前者所参考的是新鲜的花朵，而后者所参考的植株是正在运往英国的一份标本材料。

大花蕾丽兰的生境和花朵的一般特征与卡特兰属没有明显区别，若不是因为它有8个花粉块，它早就会被划分到卡特兰属了。但即便是花粉块结构上的区别，有时也是不可靠的。因为我曾经观察到一些所谓的蕾丽兰植株，有2个花粉块几乎没有发育，而其他的6个都发育完全了。多米尼先生（Dominy）通过实验证实，这两个被认为不同的属能够在同一生境自由生长，这个事实支持了莱辛巴哈教授的观点——不应将它们分为两个属。当然，若是为了方便兰花培育者们则另当别论。大花蕾丽兰很容易管理，应与卡特兰属的兰花养在一起，它们在夏季开花。

大花蕾丽兰

1.合蕊柱　2，3.唇瓣剖面图（示合蕊柱）

高贵蕾丽兰 *Laelia praestans*

属特征：参阅前文。

本种特征：茎似假鳞茎，近棒状，高3—4英寸，短于叶片；每条茎上具1枚叶片，长不足6英寸，肉质，长圆形，先端锐尖；花大，肉质化程度和水平伸展程度比玲珑卡特兰高；苞片短，鳞片状；萼片长圆状急尖，比长椭圆形的花瓣窄很多，两者都呈漂亮的丁香红色；唇瓣离生，先端3裂，将整个合蕊柱包围，坚硬且肉质，除非用外力强行从中间分开，否则不能将其平展，沿唇盘伸出4—6条隆起的脊线，外表上看唇瓣的颜色与花瓣一致，但其喉部为黄色，上半部分为深紫色；合蕊柱厚且粗壮，上部展开，具两片相互倚靠的耳状突起。

第一眼看见这种珍稀且迷人的高贵蕾丽兰，人们可能会将它误认为另外一种我们所熟知的蕾丽兰——它拥有众多不同变型和名字——玲珑卡特兰（*Cattleya pumila*）、边缘卡特兰（*C. marginata*）等，但其实它们形态各异。莱辛巴哈教授是鉴别出它的第一人，他已经对这种植物做了详实可靠的描述，其标本来源于德国汉堡具有丰富收藏的席勒领事（Cousul Schiller）。高贵蕾丽兰在英国仍然极其稀有，除了戴先生和马歇尔先生（Marshall），我还没有在其他地方见过它开花。也正是在马歇尔先生的花园中，一株开得很好的高贵蕾丽兰成为了本文的绘制对象。

高贵蕾丽兰来源于圣凯瑟琳（St. Catherine）的岛屿，应该放置在和来自同一地区的其他巴西蕾丽兰属和卡特兰属一样的环境下种植。但它在硬木块上比栽培在花盆中长势好，最好将它放在离青草近一点的地方。高贵蕾丽兰的花期在11月，花期极长。

1.唇瓣　2.合蕊柱和花药　3.花粉块

黄花蕾丽兰 *Laelia xanthina*

属特征：参阅前文。

本种特征：叶片椭圆形至带状，革质；假鳞茎长，梭形；总状花序上着花4—5朵；苞片退化；萼片与花瓣近同形，椭圆形，先端钝，波状，明显突出；唇瓣兜状，近四方形，先端钝，3裂，具脉纹，无附属结构。

约克苗圃的柏克豪斯父子引进了这种迷人的、来自巴西的蕾丽兰。林德利博士对它的评价如下：

"黄花蕾丽兰和淡黄蕾丽兰（*L. flava*）有些相似，但它远比后者大得多，也更漂亮。它们最大的不同在于，黄花蕾丽兰的波状萼片和花瓣革质且非常突出，导致其边缘向后反卷，唇瓣平展时近正方形，朝前的一边最宽，并均匀地3浅裂，裂口深度一样；而淡黄蕾丽兰的唇瓣为3深裂，中裂片卷曲且远远长于侧裂片。除此之外，我面前的这株黄花蕾丽兰唇瓣上没有凸起的脉纹；相反，淡黄蕾丽兰唇瓣中央具4条脉纹，尤为明显地突出于平面。"

黄花蕾丽兰应当放在卡特兰室中栽培，这样它才能自由地生长。

1. 缩小的整个植株　　　2. 唇瓣正面

3. 合蕊柱　　　　　　　4. 花粉块

霍氏美冠兰　*Lissochilus horsfallii*

属特征：花被片开展；萼片草绿色或棕色，小，内弯或开放，分离；花瓣大，展开，翅状；唇瓣囊状，凹陷，近全缘或3裂，基部常与合蕊柱合生；合蕊柱直立，短，半圆柱状；花药2室，具冠；花粉块2枚，后面2裂；花粉块柄线形，短，粘盘三角形。

本种特征：附生；具假鳞茎；叶片少，簇生，具褶皱，先端明显渐尖，长2—3英尺，宽4—6英寸；花葶基生，长为叶片的2倍，直立向上生长，顶端密集着生一束美丽的大花；苞片长且尖，紧抱花葶；萼片外表绿色，内表紫棕色，长1英寸，披针叶形，先端渐尖，边缘波状且后卷；花瓣宽度比萼片大很多，向外展开，先端钝，近方形，长为子房的一半，白色并渲以玫瑰色；唇瓣自由展开，基部漏斗状，3浅裂，侧裂片极大，直立向上，中间凸起，圆形，绿色，具深紫红色的条纹；上唇或唇瓣中裂片卵形，先端钝，深紫褐色，唇盘上具3条隆起的脊线，延伸至唇瓣基部，苍白色；合蕊柱短，半圆形，具膜质边缘；花药顶端具冠，由两个分开的短齿形成。

我们在此特别感谢来自斯塔福德郡的霍斯福尔先生（J. B. Horsfall）——1861年齐塔姆先生（S. Cheetham）在老卡拉巴尔河（the Old Calabar River）发现了这种兰花，并把它送给了霍斯福尔先生——

正是他为我们提供了绘制这个珍稀的美冠兰属新成员的机会。霍氏美冠兰是一种附生兰，去年（1865年）10月它刚在霍斯福尔的花园里绽放出花朵。从生境和外表上看，它与著名的大花鹤顶兰（*Phajus grandifolius*）有一些相似之处，但是花的结构却完全不同。或许与霍氏美冠兰关系最为密切的是该属另一种迷人的兰花——粉红美冠兰（*L. roseus*）。后者也产于西非，很遗憾的是它已经从我们的视线中消失很久了。我们不希望由于现在对这种美丽的西非兰花的描述，导致人们花费更大的努力去引种并对那里的植物多样性造成更多潜在破坏。尽管确实大部分热带非洲的植物长得都不具吸引力，但仍有一些——比如彗星兰属中的一些兰花，受到的赞扬不比其他任何兰花少。毋庸置疑，还将会有很多如此瞩目的物种逐渐被发现，尼日河和其他一些波涛汹涌的河流孕育出了非洲大陆上绝大部分的兰花，但我们只能从中获取少量的植株。当然，尼罗河上游的贡献也不小，在由斯比克和格兰特船长（Captains Speke and Grant）带回来的为数不多的标本中，有一种彗星兰非常奇特，它长长的尾巴几乎与著名的长尾彗星兰不相上下。

1. 花朵正面　2. 花粉块

蝴蝶钗子股　*Luisia psyche*

属特征：萼片草绿色，线状，侧萼片较大，背萼片小；花瓣形态不同，纤细，常较长，开展或拱形；唇瓣不裂，常具耳翼，与合蕊柱合生，不具附属结构，有时凸出，有时内凹，且中部缢缩；合蕊柱短，肉质，无蕊柱足；柱头前伸，圆形，蕊喙短而宽，先端截形；花粉块 2 枚，蜡质，后部具孔隙，花粉块柄短而宽，三角形，粘盘膜质，弯折；花药近圆形，2 室，小裂片具斑。——附生草本；具茎，茎直立，灯心草状，分布在亚洲和美洲热带地区；叶片圆柱形，僵直；花成对着生，淡绿色或紫色。

本种特征：植株高约 1 英尺；叶片厚，长 6 英寸，圆形，渐狭；在一极短的花序上着生 2—3 朵花；萼片和花瓣淡黄绿色，背萼片比侧萼片更宽更凹，侧萼片舌状，沿背部具龙骨，先端钝，长度不及花瓣一半，花瓣下垂似兔耳，长过于 1 英寸，楔状长圆形，先端较尖；唇瓣短于花瓣，肉质，外突，基部具两片耳瓣，耳瓣横倒卵形，略呈心形，唇盘和一些蜂兰属（*Ophrys*）的兰花一样，绿色中缀以暗紫色斑点；合蕊柱极短小。

钗子股属几乎都是一些毫不起眼的兰花，且大多数的生境与棒叶万代兰（*Vanda teres*）十分相似。然而仍有例外，其中最引人注目的是一种尚未引种的兰花（林德利博士的 *Luisia volucris*）。它的花具外展的窄翼，和展开翅膀的鸟十分相似。我们眼前这幅图中的蝴蝶钗子股也是一个例外，这是关于该物种的第一幅绘图，奇特的花朵很像一种昆虫。

帕里什先生在缅甸发现了蝴蝶钗子股，并将几株活体植株送给了克莱普顿苗圃。莱辛巴哈教授在 1863 年的《植物日报》（*Botanische Zeitung*）和 1865 年的《园艺纪事》中都对它做了详细的描述。蝴蝶钗子股生长很慢，但是易于管理，一般在春夏两季可自由绽放花朵。

1.花朵正面　2.花朵侧面　3.唇瓣和合蕊柱侧面

4.唇瓣　　　5，6.花粉块和腺体

二色茧柱兰

Macroclinium bicolor [Notylia bicolor]

属特征： 花被片展开，近同形；2枚侧萼片与唇瓣后部合生；唇瓣离生，基部无距，略开展，全缘，中部具胼胝体；合蕊柱直立，柱头具纵向裂隙；花药背生，仅1室，与柱头平行；药床扁平，前端具胼胝体，后部具边；花粉块2枚，全缘，花粉块柄伸长，楔形，粘盘小。——附生草本，分布于美洲；叶片跨状或平展；花序基生。

本种特征： 整个植株通常高不足1.5英寸；叶片通常5枚，鞘状，硬，渐尖，略呈弯刀状，长度仅为花序的一半；花序下垂，长2—3英寸，修长而优雅，上部着生10—20朵精美的小花；萼片被刚毛，侧萼片合生，白色；花瓣宽于萼片，淡紫色，基部具蓝斑；唇瓣窄，略具爪，近尖端为箭形，无脊线，颜色与花瓣相似；合蕊柱长近唇瓣一半，近中部具棱；花药极大，约覆盖合蕊柱的一半。

二色茧柱兰小巧精致，造型堪称完美。斯金纳先生最先在危地马拉发现了它，后来哈特维格在一处山林中遇到了长在栎树上的二色茧柱兰。它的花朵颜色不同于本属其他物种（通常为绿白色），如果不是为了满足大家对植物的好奇心，它们不太值得栽培。

二色茧柱兰已经在奈普斯利生活了20多年，趴在栓皮栎的一个小枝上，每年秋天都不忘抛出满枝的花朵，且花朵开放时间较长。它应当栽培在卡特兰室靠近光源但较为干冷的地方。

1. 子房、唇瓣和萼片侧面　　2. 唇瓣

3. 合蕊柱侧面　　　　　　4. 花粉块

托瓦尔尾萼兰

Masdevallia tovarensis

属特征：萼片基部管状合生，尖端分离呈长舌状，花瓣分离且短小；唇瓣与合蕊柱合生，无距，椭圆形，卷曲，短小；合蕊柱内弯，半圆柱状；花药2室，顶生，具盖；花粉块2枚，全缘，花粉块柄多呈丝状，反折具弹性；粘盘圆锥状，附着生长。——附生草本，分布于秘鲁地区；根茎小，匍匐生长；叶片长圆状披针形，基部渐狭成柄；花葶基生，单花着生；花大。

本种特征：叶片椭圆形，略呈匙状，边缘具不明显的齿，长近于总花梗；总花梗直立，两侧具翅；苞片膜质，僧帽状，覆于叶柄下部；每个花梗着花2朵，花纯白色，开放时间长；萼片和同属其他种相似，基部合生，似杯状，上萼片披针形，尖端向外延伸1英寸形成细长的芒，侧萼片更宽，合生程度比上萼片的高，先端形成较短的略微下弯的芒；花瓣椭圆形，先端微尖，内卷，长度与唇瓣相近；唇瓣极小，椭圆形，先端渐尖，从两侧微微向中间凹陷，具3条中脉，两侧微挺。

我相信林德利博士在准备将尾萼兰属写入《兰花叶片》的时候，应该费了不少心思来做筛选。该书记录了《兰科植物属种志》（*The Genera and Species of Orchidaceous Plants*）出版后近25年来人们对兰科植物的新认识。在这部大著作中，他只对三种尾萼兰做了描述。而在《兰花叶片》中则急剧增加至近40种，这在后来引发了很大的争议。许多尾萼兰都只能在它们的原产地生长，要费很长时间和很大精力才能引入到欧洲的园林中。目前已经被引进的尾萼兰中，已经开花的只有6种——其中还有一些根本没有什么特色。然而本文中所描述的托瓦尔尾萼兰，凭借其珍奇和魅力，将吸引更多的人们对它持久不衰地关注——不只是植物学家，还包括每一位兰花爱好者。

托瓦尔尾萼兰，正如它的名字所透露出的，来自哥伦比亚的托瓦尔地区。许多年前，人们在托瓦尔海拔几千英尺的地方发现了它，并把它送到德国的拉克先生那里。我也是1865年11月才从他那里取得了本文的这些描述。在拉克先生的花园里，它被命名为白花尾萼兰（*M. candida*）。因为在此之前，已经有另一个物种被命名为托瓦尔尾萼兰，所以克洛奇博士（Dr. Klotzsch）就糊涂地给了它白花尾萼兰这个名字。对此，莱辛巴哈教授已经做了纠正。然而更糟糕的是，在多萝西·内维尔女士（Dorothy Nevil）的花园里还有一株被称为托瓦尔尾萼兰的兰花。可这株兰花也与我们此处所描述的托瓦尔尾萼兰完全不同。

对此，以后有机会我将做详细的解释。

　　几乎所有尾萼兰属植物都可以划分到温凉这一类，有许多还是相当耐寒的种类。毕竟，它们主要都分布于新格拉纳达和秘鲁的安第斯山脉高海拔地区。只要恰当地模拟它们所习惯的生长环境，保持低温和恒定的湿度，尾萼兰属植物都是很容易栽培的。我劝园丁们多引进一些这类可爱的兰花，因为可能栽培二三十株尾萼兰还不如一株大型兰花所需要的空间大，所需要的热量也只是后者的一半而已。尾萼兰属中尤为奇特和值得一提的种类，首先是粉红尾萼兰（*M. rosea*），它可爱的紫红色花朵比白花尾萼兰的更大一些，分布区几乎占据了波帕扬（Popayan）的所有高山山坡。其次是产自同一个地方的总序尾萼兰（*M. racemosa*），具有 1 英尺长的长穗状花序，花朵为最鲜艳的深红色，比任何伯灵顿兰属植物的都大。还有产自新格拉纳达的象头尾萼兰（*M. elephanticeps*），有着金色和紫色的、长达 6 英寸的花朵，莱辛巴哈教授将花朵的生长方式很贴切地比喻为大象的头，并给它起了这个生动形象的名字。事实证明莱辛巴哈教授是很明智的，我们甚至可以清楚地看到"象牙"和"象鼻"的结构。

　　另一种值得一提的是绯红尾萼兰（*M. coccinea*），它的惊艳程度几乎超越了上述所有兰花。让人欣慰的是，现在还有这种兰花的活体植株。沃兹赛维克斯先生曾经把它装在香烟盒里运送，这样一来，当与其他更粗壮的个体混在一起运送时，"小个子"们被压坏的风险就很低。赫罗公司和其他机构最近在引种迷人的象牙尾萼兰时，就忽略了这个问题，最后导致许多个体都死掉了。

1.合蕊柱、唇瓣及子房上部　2，3.花粉块

秀丽腭唇兰　*Maxillaria venusta*

属特征：花被片靠合，少见开展；侧萼片基部与延伸的蕊柱足合生；花瓣近与萼片同形；唇瓣3裂，兜状，无距，与延伸的蕊柱足结合；合蕊柱半圆柱状；花药近2室；花粉块2枚，二分或全缘，花粉块柄短，粘盘横截形。——附生兰，主要分布在美洲；具假鳞茎，无茎或有茎；叶片具褶或革质；花梗上的总状花序腋生或顶生，具单朵或多朵花。

本种特征：假鳞茎椭圆形，侧扁，光滑，绿色，着生2枚叶片；叶片长圆状披针形，短渐尖，近革质，光滑，基部渐狭；花梗基生，紧密着生红色鞘状苞片，花单生，短于叶片；花大，近俯垂，萼片与花瓣开展，长披针形，渐尖，白色；侧面的花瓣基部常较宽，并长长地向外延伸；唇瓣常较短，与合蕊柱延伸部分结合，先端3裂，唇盘上具胼胝体且被茸毛；唇瓣裂片近同形，中裂片卵形，先端钝，淡黄色，侧裂片极钝，白色，边缘红色，背面具红色的两个同心圆斑。

这种迷人的植物是由塔克先生（Tucker）在《柯蒂斯植物学杂志》上发表的。有趣的是，1861年10月，它第一次开出美轮美奂的花朵却是在园丁伯翰先生（Burnham）的温室里。它原产于奥卡纳（Ocana）海拔5000—6000英尺的地方，因此需要一个温凉的生长环境。这样无论在哪个季节，你都可以欣赏到它那令人称奇的漂亮花朵。除此之外，它醉人的芬芳与雀舌花[1]（*Gardenia radicans*）不相上下，让人流连忘返。

1　一种茜草科栀子花属植物。

1. 合蕊柱

伦内尔丽堇兰　*Miltonia regnelli*

属特征：萼片开展，同形，侧萼片基部稍合生；花瓣与萼片同形，近等长；唇瓣不裂，基部无距，与合蕊柱合生，脊线近隆起，在近基部处不连续；合蕊柱短，具2个耳状翅，有时与兜状的药床会合，柱头深凹；花粉块2枚，蜡质，前侧具孔隙，花粉块柄倒卵形，粘盘椭圆形；花药药室开展，膜质，具节。——附生草本，分布于美洲热带地区；具假鳞茎，颜色常为淡黄色；叶片渐狭，展开；总状花序不分枝，基生，总花梗常密被覆瓦状排列的鳞片；花美丽，淡黄色或紫色。

本种特征：总花梗上少花；苞片披针形，具脉纹，与花梗等长；萼片披针形，花瓣椭圆形，有时倒卵形，渐尖；唇瓣近提琴形，尖端4裂，微凹，基部楔形，胼胝质体短，3个，隆起，中间的最小；合蕊柱全缘，镰状。

我们眼前的这株伦内尔丽堇兰来源于柏林植物园。关于它的原始描述和绘图，来自伦内尔先生（Regnell）从巴西的米纳斯·吉拉斯（Minas Geraes）引进的植株，出版在莱辛巴哈教授的书中。伦内尔丽堇兰通常在8月份开花，和其他丽堇兰属植物一样，它不能在炎热的生境下生长。我相信，所有丽堇兰属植物都可以在通常所谓的墨西哥室中自由生长，因为墨西哥室中的空气通常比其他兰花室中的更干燥。

1. 合蕊柱和唇瓣基部　2. 花粉块

心形齿舌兰

Odontoglossum cordatum

属特征：花被片伸展，同形；萼片花瓣状，分离，渐狭，渐尖；唇瓣不裂，无距，具爪，爪与合蕊柱基部合生，唇瓣开展，基部具脊线；合蕊柱直立，膜质，有边，尖端两侧具翅；花药2室；花粉块2枚，实心，花粉块柄线状，粘盘钩状。——附生草本；具假鳞茎；叶片具褶；花葶顶生，具鞘；花美丽。

本种特征：假鳞茎较小，聚生，椭圆形，绿色，包裹以草质鳞片；叶片1或2枚着生于假鳞茎顶端，椭圆状披针形，略急尖，半革质；花葶从假鳞茎基部延伸出，具苞片；花序整齐，着花6—10朵；花大且美丽；3片花萼披针形，向外开展，先端渐尖，深黄色，具棕色的斑块，最上部萼片最大最长；花瓣开展，与萼片形状相同，但更短宽，斑块分布更规则；唇瓣大，开展，白色并具红色的斑块；合蕊柱向下。

心形齿舌兰被供养在邱园的兰花室中，长长的下垂花序通常在8月份绽放，其花朵令人啧啧称奇。它原产于墨西哥，卡文斯基伯爵（Count Karwinski）首先发现并引进了它。斯金纳先生也曾在危地马拉发现大量心形齿舌兰。它的栽培需要在接近墨西哥环境的温室中进行。

1. 唇瓣和合蕊柱侧面　　　2. 唇瓣正面

3. 合蕊柱正面　　　4. 花粉块

猩红齿舌兰 *Odontoglossum sanguineum*
[*Mesospinidium sanguineum*]

属特征： 花被片近肉质，闭合；上萼片披针形，侧萼片合生，尖端2裂，条裂片近长矛形，基部与唇瓣后部合生成近囊状；花瓣三角形至披针形，急尖，基部与萼片近覆瓦状排列；唇瓣楔形，倒心形，内卷，具一对脊线，边缘具爪，有时前端的裂片具沟且被短茸毛，内侧具沟，2裂的瓣片前后中央凹陷，近固着；合蕊柱半圆柱状，顶端深凹；花窠两侧瓣片下垂；蕊喙向上，急尖至三角形，具两个尖头；花药2室，先端钝，中部尖细；花粉块球状，后部具微孔；花粉块柄线状，基部宽，粘盘长矛形。[1]

本种特征： 附生兰，假鳞茎卵形，侧扁，具美丽的斑纹，着生两枚叶；叶片舌状，锐尖，比花茎短；花茎下垂，略分枝，多花着生；苞片小，鳞片状；萼片椭圆形，急尖，侧萼片中下部合生；花瓣楔形，卵状，急尖，表面深波状，与萼片均为温暖的玫瑰红色；唇瓣舌状，锐尖，侧裂片直立，中裂片反卷且从基部裂成2片；唇瓣尖端与萼片和花瓣同为玫瑰色，下部分逐渐淡化成白色；合蕊柱白色，稍浅裂。

它是一种非常漂亮的兰花，具有和 *Rodriguesia secunda* 一样下垂的花序，但它的花序更大更迷人。*R. secunda* 在亚马孙河河口大量分布，在极其湿热的地方长得十分繁茂。而猩红齿舌兰却不一样，它生长在秘鲁安第斯山脉海拔较高的地方。由于此地区汇集了世界上最大最壮阔的洋流，从而造就了其潮湿寒冷的生境气候。尽管詹姆士（Jameson）早在20多年前就发现了猩红齿舌兰，随后沃兹赛维克斯先生也发现了它，但它的活体植株一直都没有在英国出现过，直到1866年约克的柏克豪斯先生从厄瓜多尔为我们带来了几株长得枝繁叶茂的植株。去年11月，其中一株开花植株被柏克豪斯先生展览在了南肯辛顿的一次周二会议上，本文的插图就来源于此。猩红齿舌兰在秘鲁室（Peruvian house）能够茁壮地生长。秘鲁室是一个简称，其中种植着需要最阴冷潮湿的生境的兰花。同理，墨西哥室就表明其环境比秘鲁室略加清风温暖和干燥一些，但仍然比较阴冷。

作为一个独立的属，*Mesospinidium* 与齿舌兰属有些相似，不细心的观察者或许难以将它们分辨开来。莱辛巴哈教授是这个属的创立者，他将林德利博士的垂芳兰属和 *Abola* 也归并到这个属中，对此我不太赞同。

---

1 这里描述的特征为 *Mesospinidium* 属，实际属特征请参阅前文。

猩红齿舌兰

1.合蕊柱和唇瓣　2.花粉块

镰瓣文心兰

Oncidium falcipetalum

属特征：花被片开展；萼片常波状，侧萼片有时近与唇瓣合生；花瓣与萼片同形；唇瓣大，无距，与合蕊柱合生，唇瓣各部分形态不同，基部具疣粒或肉冠；合蕊柱半圆柱状，离生，先端两侧具翅；花药1室，喙缩短或延长；花粉块2枚，后部具沟，花粉块柄扁平，粘盘椭圆形。附生草本，有时具假鳞茎；叶片革质。

本种特征：一种大型附生兰；假鳞茎高4—5英寸，宽且缩合，具犁沟，顶端着生2至多枚叶片，叶片线状长圆形，先端钝，半革质，叶脉不明显，背面微具龙骨；圆锥花序或花葶长2—3（在野外生境下长至20）英尺，生于假鳞茎基部，从根部生出1枚叶片，圆锥花序生于叶片之上；花序大，多花，具分枝，分枝处具一枚凸出的小苞片；萼片和花瓣开展程度大，形态相近（花瓣更短宽，边缘皱缩且更内弯），披针形，渐尖，半镰刀状，巧克力色，外表绿色但边缘棕色；唇瓣3裂，具爪，侧裂片极小，卵形，中裂片剑形，极宽，白色（唇盘红色），具两片镰刀状的侧翼，先端急渐尖，边缘略皱缩，唇盘上具几个尖长的疣粒或肉质突起。

镰瓣文心兰原产于委内瑞拉，在地面和树上均可生长，分布于海拔5000—6000英尺的地方。1856年3月，第一株开花的镰瓣文心兰植株现身金斯敦苗圃，来自杰克逊父子的收藏。野外生长的镰瓣文心兰花序长度有时可达20英尺，其个头是目前人工栽培中最大植株的4倍。本种性喜不冷不热的环境。

1.花的侧面　2.花的正面

长梗文心兰　*Oncidium longipes*

属特征：参阅前文。

本种特征：茎横走，粗细似笔；假鳞茎生于茎上，簇生，椭圆形，上部渐狭，被棕色鳞片，着生两枚叶片；叶片近肉质，线状长圆形，基部渐狭，顶端具短尖，亮绿色；总花梗或花葶细长，生于叶片中间，具一总状花序，花序长 3—4 英寸，着生几朵有梗的花朵；萼片和花瓣均展开，暗色，近血红棕色，外部棕绿色，上萼片或背萼片匙状，边缘波状且反卷，侧萼片更窄，基部合生，外弯；唇瓣相对整个花朵来说较大，近明亮的黄绿色，围绕边缘四周具一宽的血红色色环，唇瓣 3 裂，侧裂片小，圆形，中裂片大且 2 裂，裂片之间的边缘具缘毛，顶端微具茸毛，向上，椭圆形，唇盘肉质，边缘开裂，白色且具斑点，先端具 3 齿或小裂片，其中较大的两个卷曲并呈刺状；合蕊柱较短，花药下面具两片翅状裂片。

长梗文心兰产于巴西，由劳迪盖斯先生从里约热内卢引进。尽管个头小，但它的芳容仍能让人眼前一亮。其花期在初夏，可持续很长时间。长梗文心兰的栽培很简单，一般将它放在一块硬木头上即可——当然放在专门的兰花花盆中会更好。

1. 花　2. 合蕊柱、花药和带距的唇瓣基部

密叶红门兰 *Orchis foliosa*

属特征：萼片近同形，中萼片常与花瓣靠合而呈兜状，侧萼片有时靠合，有时反卷；花瓣直立，近与萼片同形；唇瓣常向前伸展，基部有距，全缘或分裂，与合蕊柱基部合生；花药直立，药室平行具相互靠近；花粉块2枚，分离，整体呈兜状（即包含柱头和蕊喙，呈具褶的兜状）。——地生草本；基部具根状茎或块茎；叶片通常基生，肉质且柔软多汁；花葶上具斑点。

本种特征：具掌状块茎；茎和叶与宽叶红门兰（*O. latifolia*）的极其相似，无斑；花间具多枚苞片，一般短于花朵；花序卵形或长圆状卵形，宽3英寸，着生许多紫花；萼片直立且开放，卵形，先端钝，近平伸，紫色中略显苍白；花瓣与萼片相似，但更窄小，近直立，暗紫色；唇瓣下垂，极宽，圆楔形，3裂，中裂片最小，紫色中具暗紫色斑块；距比唇瓣短很多，紫色，并具暗紫色斑点。

这种迷人的红门兰与宽叶红门兰有很多相似之处，两者也极容易搞混，但它们确实有差异。正如林德利博士所说的那样，密叶红门兰各部分更大一些，而且具有独特的、扁平的3裂唇瓣；而宽叶红门兰的唇瓣为菱形并向上凸起，其距更短更细长，茎也比密叶红门兰的高。密叶红门兰只分布在马德拉群岛（Madeira）。据洛先生（Lowe）透露，人们是在里贝罗弗里奥河（Ribeiro Frio）河岸、位于海拔3000英尺高的山坡上的鹰爪豆（*Spartium candicans*）灌草丛中发现它的。洛先生从它的原产地收集了一株高达2.7英尺的植株。密叶红门兰花期在5月，将它栽培在一大片苔藓上，可形成一道极其亮丽的风景线。

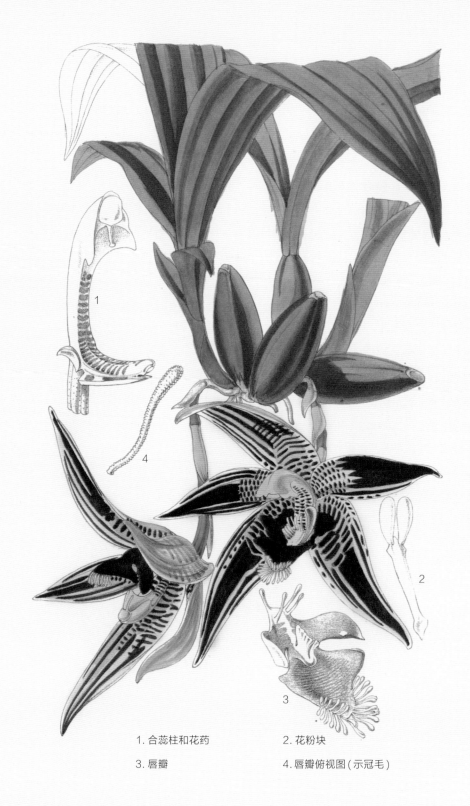

1.合蕊柱和花药　　　　2.花粉块

3.唇瓣　　　　　　　　4.唇瓣俯视图(示冠毛)

鸡冠缨仙兰　*Paphinia cristata*

属特征：花近整齐，开展程度与花瓣一致，突出延伸部分开展程度略小；唇瓣小，具爪，3裂，尖端具丝状腺体；合蕊柱棒状，伸长，半圆柱状，顶端具耳状翼；花粉块4枚，均黏附在花粉块柄上，花粉块柄细长，尖端具刚毛，粘盘小，近三角形；蕊喙钻形。——具假鳞茎，花葶下垂，少花。

本种特征：假鳞茎簇生，长椭圆形，扁平，具褶皱；其中一个老的假鳞茎顶端着生2枚叶，较幼小的假鳞茎上着生3枚叶，基部具一些叶状鳞片；所有叶片长均为4—6英寸，披针形，半膜质，具明显的褶；总花梗1个，生于假鳞茎基部，具节，被鞘，鞘片鳞片状，膜质，棕色，稀疏着生，总花梗下垂，着花1—2朵；萼片与花瓣形态相似，皆为披针形，花瓣略小，肉质，具白色镶边和大小不一的条纹，以及巧克力棕色的斑点和圆点，中间部分不全为棕色，而是缀以棕色的横向条带；唇瓣比萼片和花瓣小得多，几乎均为巧克力棕色，形态非常奇特，在边缘处略呈卵形，具短爪，爪肥厚，肉质，2深裂；2个侧裂片椭圆形，似短剑形，中裂片长菱形（每个边缘上具棱角或锯齿），顶端具冠，并具一簇白色的冠毛；唇盘被奇特的冠毛，爪上具4个带肉茎的黏质物；合蕊柱黄绿色，半圆柱形，棒状，近基部具巧克力色条带；每个花药下方具一个突起的大锯齿，锯齿之间为一条长长的突出的蕊喙；药帽半球形；花粉块倒卵形，着生于长长的花粉块柄上；粘盘小，三角形。

鸡冠缨仙兰是兰科植物中非常奇特和优雅的一种，原产地为特立尼达和新格拉纳达。它最初被林德利博士划分到腭唇兰属（*Maxillaria*），但最终他很明智地将它归为一个新属[1]。鸡冠缨仙兰必须放在花盆里栽培，且环境要保持相当高的热度和湿度。若是在兰花温室里，8月份它即可自由绽放。遗憾的是这么绚丽的花朵只能昙花一现，花开后很快就凋谢了。

1　虎斑缨仙兰（*P. tigrina*）是这个属的第二个种，我确信所谓的髯毛天鹅兰（*Cycnoches barbatum*）将以*P. barbata*命名成为缨仙兰属的第三个物种。——原注

1. 不育雄蕊上边缘　2. 不育雄蕊侧面

3. 唇瓣侧面

同色兜兰　*Paphiopedilum concolor*

[*Cypripedium*[1] *concolor*]

属特征：花被片展开；侧萼片离生或合生，中萼片独立；花瓣离生，渐狭；唇瓣膨大，两侧边缘耳状且内弯；合蕊柱短；雄蕊3个，中间1个不育，膨大且内弯，剩下2个位于侧面的雄蕊可育；花药在不育雄蕊之下，近圆形，2室；花粉粉末状至颗粒状；花柱半分离，圆柱状，柱头盘状，顶生。——地生草本，在南北半球均有分布，甚至在北极地区也有分布；叶基生或茎生；花单生于总状花序或圆锥花序上，美丽。

本种特征：叶片4—5枚，长4—6英寸，近平躺，椭圆形，具沟，上表暗绿色，且具漂亮的亮绿色斑纹，下表红紫色；花葶极短，多毛，紫色，生于叶片上面，通常着花2朵；每朵花基部具一苞片，苞片大且锐尖，被微毛；花直径足有2英寸，一律淡黄色，缀以深红色小圆点；背萼片近圆形，与侧萼片大小相近，侧萼片更近卵形；花瓣椭圆形，先端钝，和萼片一样边缘具微毛；唇瓣相对整个属来说较小，短于花瓣，形成一个囊；囊窄，圆锥状，长度近唇瓣的3/4。

同色兜兰是兜兰属的一位新成员，它和这个大属目前已知的所有兰花都完全不同。其叶片密集生长，上表面具美丽的色斑，下表面紫红色，色彩与淡黄色的花朵相协调，其中有两枚叶片着生于一多毛的短花葶上。同色兜兰原产地为毛淡棉，生长于石灰岩上。帕里什先生在那里发现了它，并作了一幅精致的绘画送给邱园的胡克先生。本森上校（Colonel Benson）也在相同的地域发现了它，并将活体植株寄送给了邱园，目前它们正在邱园里茁壮成长。克莱普顿苗圃也收到了来自帕里什先生寄送的同色兜兰植株，其中一株被拉克先生领养，并于1865年初开了花。与此同时，戴先生的同色兜兰也开了花。这两棵开花的同色兜兰都被展示在南肯辛顿园艺协会的周二会议上，并成为了关注的焦点。该绘图参考的是拉克先生的标本。

同色兜兰和其他印度的兜兰一样，能够自由地生长和绽放，管理起来也并不费劲。但它仍偏好热量丰富的环境，且应当放在混有泥炭和泥炭藓的花盆中露天栽培。

1　本书中所述杓兰属（*Cypripedium*）植物多为兜兰属（*Paphiopedilum*）物种，译者已在文中将杓兰拉丁属名改为对应的新名称。

1.合蕊柱正面　2.合蕊柱侧面

3.合蕊柱底侧（示柱头）

费氏兜兰 *Paphiopedilum fairieanum*
[*Cypripedium fairieanum*]

属特征：参阅前文。

本种特征：无茎；叶片以近簇生的方式二列生于根上，皆同色，长带状，先端急尖，基部跨状且具龙骨；花葶长于叶片，直立，圆柱状，绿色，被茸毛，单花着生；花大，精美绝伦，生于一具鞘苞内，苞片顶生，急尖，被毛，将子房的下半部包围；子房伸长，略呈梭形，暗紫色，多腺毛；花被片向外展开，背萼片或上萼片极大，心形，淡白绿色，精妙地渲以暗紫色，且部分具偏绿色的条纹，先端钝且反卷，两个侧萼片合生成一个先端钝圆的卵形小萼片，大小约为背萼片的1/3，灰白色，具绿色和紫色的条纹；花瓣长圆状披针形，极度反卷和曲折，形似牛角，白色，具绿色和紫色条纹；唇瓣极大，水平伸出，棕绿色，具紫色的网状纹线，基部向内包卷；不育雄蕊月牙状球形，具绿、紫、白三种色彩，被茸毛，在其月牙的两个角之间具一被茸毛的喙。

迷人的费氏兜兰最初开花是在索马塞得郡（Somersetshire）伯纳姆（Burnham）的里德先生（Reid）家（本书的绘图就是来自他的标本），合恩赛苗圃的帕克先生紧随其后。他们的费氏兜兰都是从史蒂芬先生的庄园里举行的阿萨姆兰花拍卖会上买来的。利物浦的费尔丽先生（Fairie）曾把费氏兜兰放在威利斯（Willis）的庄园里参加园艺展览会，林德利博士也正是在那里完成了对这种兰花的描述。林德利博士写道："它是一种和波瓣兜兰（*P. insigne*）同样精美的兰花，不过它的花要大得多。它似乎与莱辛巴哈教授的马六甲兜兰（*P. superbiens*）亲缘关系最近，但它的每个部分都比后者小得多，两者颜色差异也很大。前者唇瓣内卷的边缘上没有疣粒，且在月牙状不育雄蕊的凹端的中间，具一个长长的象鼻状的附属物。"费氏兜兰的花，无论是颜色还是线条，都是这个属中最精美的种类之一。其花期在晚秋季节，和这个家族中备受欢迎的其他成员一样，它的管理也十分简单。

带叶兜兰

Paphiopedilum hirsutissimum

[*Cypripedium hirsutissimum*]

属特征：参阅前文。

本种特征：无茎；叶片通常长 1 英尺或更长，线状椭圆形或舌状，先端急尖或 2 裂，二列着生，具龙骨突，基部嵌叠且具沟，具主脉，但侧脉不清晰，绿色，光洁无毛；花葶近与叶片等长，圆柱状，绿色，渲以暗紫色，或被蓬松的茸毛，苞片和子房以及整个花的背面也都被伸展的长茸毛，这正是林德利博士为它起这个特殊的名字的原因；苞片宽卵形，具鞘，单花着生；总花梗短，近全包于鞘片中；萼片均具纤毛，中萼片较宽，长菱状心形，边缘反卷，暗紫绿色，具条纹，边缘近全绿，侧萼片合生成一枚，绿色，卵形，具条纹，比唇瓣短；花瓣极大，水平展开，宽匙形，具纤毛，爪绿色，瓣片紫色，且具紫色的色斑和圆点，瓣片上边缘状波；唇瓣大，深绿色，渲以紫色，边缘具纤毛；合蕊柱短；不育雄蕊也较短，方形，四角钝圆，中心膨胀或突起，杂以绿色和白色，且具暗紫色斑点。

带叶兜兰是兜兰属极其俊美的种类，与波瓣兜兰、紫毛兜兰（*P. villosum*）、胡克兜兰（*P. hookerae*）和髯毛兜兰（*P. barbatum*）一样，同为无茎的类型，然而它与这几种又有着十分明显的差别。据说带叶兜兰原产地为爪哇，因此它的栽培可能与飞凤兜兰（*P. lowii*）、粉妆兜兰（*P. stonei*）和光叶兜兰（*P. laevigatum*）相关，后面这几种都来源于东印度群岛。因此，比起波瓣兜兰或者其他来源于印度中部更高区域的兰花，带叶兜兰需要更高的温度。目前在我们的花园中，这类来自热带地区引人注目的兰花只有 20 来种。相对而言，即使是在顶级的收藏中，它们也都是绝对有能力占据一席之位的种类。而且因为它们都很容易打理，所以没有哪个比这个家族更适合作为兰花栽培新手的练习对象。1831 年时这个类群里只包含了两种——波瓣兜兰和秀丽兜兰（*P. venustum*）——后者是该类群中最先开花的。

1. 子房和合蕊柱顶端

胡克兜兰 *Paphiopedilum hookerae*
[*Cypripedium hookerae*]

属特征：参阅前文。

本种特征：叶片革质，长3—5英寸，宽1.5—2英寸，呈明亮的深绿色，具不规则的苍白色横条带；花葶紫色，在一些标本中只单花着生，苞片、子房和萼片背面及花瓣背面都覆有分散的腺毛；背萼片直立生长，长度近于唇瓣，呈黄色，中心布满绿色；花瓣向外笔直展开，匙形，先端急尖，下部狭窄部分微波状，绿色中带有紫色斑点，上部向外扩张部分呈单一的紫色；唇瓣呈棕紫色，并缀以绿色，横向开口，在内曲的边缘上具绿色的斑点；不育雄蕊近球形，上下皆具切口，裂片紫色，具灰白色边缘。

胡克兜兰是美丽的兜兰属植物中的又一位成员。秀丽兜兰和波瓣兜兰是兜兰属中最先被引种栽培的，近年来许多来自东方岛屿的迷人新种也渐渐被引入英国。我们要感谢赫罗公司，正是它将我们今天的主角——胡克兜兰从婆罗洲引进。有记录的植株开花是在恩菲尔德的马歇尔先生的花园中。这些开花的植株被送给了莱辛巴哈教授，他和我们交流了他给这个物种取这个特定名字的意义，引用他的原话就是"花似带叶兜兰（*P. hirsutissimum*），叶似虎斑蝴蝶兰（*Phalaenopsis schillerianum*），或者近乎如此"。同时胡克兜兰也兼具髯毛兜兰和紫纹兜兰（*P. purpureum*）的一些特征，它与这两者的不同之处在于绿色和黄色的背萼片上没有紫色的条纹，而与前者不同之处在于萼片边缘没有带须的小突起。胡克兜兰的这些小突起的缺失以及紫色的唇瓣将它与秀丽兜兰区分开来，而带斑点的叶片和背萼片独特的结构，又足以将它与费氏兜兰和波瓣兜兰区分开来。同时，萼片短且笔直不向下弯曲，以及许多其他的特征，使得它与飞凤兜兰和马六甲兜兰成了远亲。也许与胡克兜兰亲缘关系最近的是爪哇兜兰（*P. javanicum*），但后者宽线形的钝花瓣更加修长，背萼片具绿色的条纹，唇瓣呈绿色，叶片偏白。除了上面所提及的特征之外，还可以通过带斑点的叶片，以及宽匙形、淡紫色且笔直生长的花瓣，将胡克兜兰与上面所提及的其他兰花进行进一步的辨别。本种是兜兰属中最好栽培的种类之一。

1. 唇瓣正面　2. 不育雄蕊（合蕊柱）及其附属器官侧面

3. 不育雄蕊（合蕊柱）及其附属器官正面

菲律宾兜兰

Paphiopedilum philippinense

[*Cypripedium laevigatum*]

属特征：参阅前文。

本种特征：叶剑形，二列，长不足 1 英尺，极薄，表面光滑；花葶长为叶片的两倍，被稀疏的短柔毛，着花 2—5 朵；苞片卵形，先端急尖，长为子房的两倍；背萼片长 1 英寸，宽卵形，外侧密被茸毛，内侧缀以紫色斑纹，斑纹卵形且先端急尖；侧萼片合生，形态与背萼片相似，但先端更尖，内侧条纹为绿色；花瓣尖细，长 5—6 英寸，宽略大于 1/4 英寸，上缘具钝齿和粒状黑斑，黑斑上被茸毛，花瓣基部绿色，在瓣片的 3/4 处渐变成巧克力紫色；唇瓣较小，长度与上萼片相当，整体呈暗黄色，具爪，爪长为唇瓣的一半，具囊状突起，两侧都有奇特的二裂角质延伸；子房呈紫褐色，长约 2 英寸，被短柔毛；合蕊柱或不育雄蕊尖端微凹，心形。

维奇先生在菲律宾岛上发现了这位兜兰属美丽的新成员，并送到他父亲在切尔西的苗圃内栽培。1865 年 3 月，它在那里开出了第一朵花。菲律宾兜兰与粉妆兜兰关系十分密切，它是除粉妆兜兰外唯一拥有光滑叶片的种类，但其与后者的不同之处在于花上唇瓣的形态和颜色。菲律宾兜兰的唇瓣小且呈暗黄色，粉妆兜兰的唇瓣较大，白色大底上渲以粉色。此外，粉妆兜兰的花瓣不卷曲，长度为花葶的两倍；而菲律宾兜兰的花瓣卷曲程度较大，且长度至少是花葶的四倍。再者，粉妆兜兰背萼片外侧缀以绯红色的条纹，内侧为白色；而在菲律宾兜兰中这些绯红色的条纹都是在背萼内侧的。

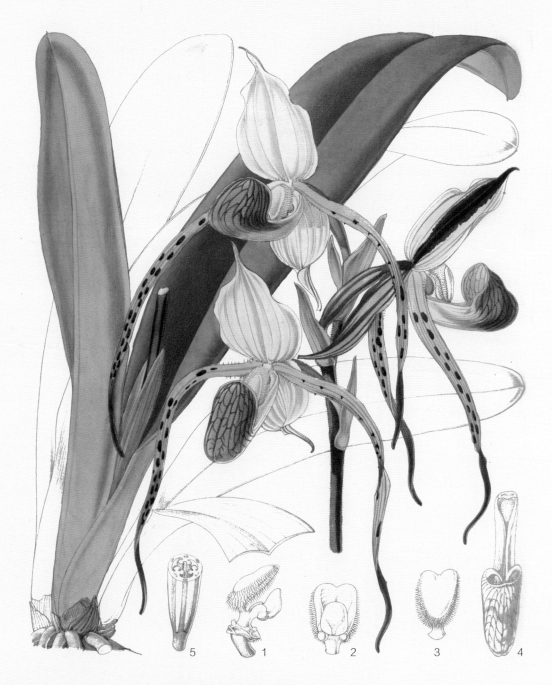

1.花柱、柱头和具雄蕊的合蕊柱侧面

2.花柱、柱头和具雄蕊的合蕊柱正面（示两个花药）

3.柱头上表面　4.唇瓣正面　5.尚未成熟的荚膜横切面

粉妆兜兰 *Paphiopedilum stonei*
[*Cypripedium stonei*]

属特征：参阅前文。

本种特征：无茎；根粗大，肉质，蠕虫状；叶片基部被少量鳞状鞘，长10—12英寸，两两从根上长出，长圆形，肉质且革质，暗绿色，近具沟，先端极钝，具一短尖头；花葶基生，生于两片叶片之间，基部具鞘状大苞片，长1英尺，圆柱状，暗紫色，在本文所参考的标本中，其顶端着生3朵花；花非常俊美，具苞片和花梗；苞片基部与花葶相似，但略小；花梗短于苞片，着生一细长的子房；子房长1.5—2英寸，具6棱，单细胞或具未成熟的荚膜；萼片大，开展，同形，但上萼片最大，宽卵形，先端渐尖，白色中带黄色，外表具暗紫色的条纹和斑点，下萼片则是由两个侧萼片合生而成；花瓣长4—5英寸，向下卷曲，线状渐尖，茶黄色，具紫色的线条和斑块，基部每边边缘都具纤毛；唇瓣大，水平地向上直立生长，下半部分靠合，边缘内卷，白色，其余部分呈兜状，紫色中具红色的网状脉纹，整体形状似土耳其拖鞋；花柱上具白色的短合蕊柱，在一个分枝上具两个圆形的黄色不育花药，落在唇盘或第三枚雄蕊基部；唇盘大，卵形，肉质，白色；第三枚雄蕊发育不全；合蕊柱另一短分枝上为一心形的大柱头，与唇盘为相同的黄色，边缘具浓密的细丝状流苏。

1862年10月，戴先生从托特纳姆（Tottenham）收到了这种精妙的兰花。那时克莱普顿苗圃已经将它从邻近的沙捞越、婆罗洲引进。如他所愿，最终以戴先生多才多能的园丁斯通先生（Stone）的名字为它命名。在这以前从来没有从欧洲收集到过这样的精灵，但不久后收到了同属另一种来自东方的兰花（即菲律宾兜兰），它那拖着长长尾巴的花瓣更加引人注目。不过，就长尾巴而言，它们两者都远远不如秘鲁的长瓣兜兰（*P. caudatum*）——它的花瓣足足有半码长！

粉妆兜兰仅从生境上很难与飞凤兜兰和菲律宾兜兰相区分，但它生长得比它们慢。粉妆兜兰在不同的季节均可开花。林德利博士在1862年的《园艺纪事》中称粉妆兜兰是兜兰属所有兰花中最漂亮的，它也的确配得上这样的称赞。

1. 唇瓣

大花美丽蝴蝶兰

Phalaenopsis amabilis
var. grandiflora

属特征： 花被片扁平，开展，萼片分离，花瓣膨大；唇瓣基部稍延伸，并与合蕊柱合生，基部具胼胝体，唇瓣3裂，侧裂片位于花瓣之上，中裂片渐狭，具两枚卷须；合蕊柱倚于子房上，半圆柱状，蕊喙狭长，2裂；花药2室；花粉块2枚，近球形，花粉块柄近匙形，上部扩大，粘盘极大，心形。——附生草本；茎基生，不分枝；叶片僵直，阔披针形，尖端倾斜，微凹；花朵着生于圆锥花序上。

本种特征： 叶片长；侧萼片向上展开但不相互覆盖，具短尖；唇瓣侧裂片向外，短，中裂片线状戟形，侧裂片斜截形，暗血红色，卷须黄色。

在林德利博士发表的对这种华丽植物的首次描述中，他认为它和美丽蝴蝶兰（*P. amabilis*）有着明显的差异，于是他用 *grandiflora* 为其命名，暗指它巨大的花朵——有的可达4英寸。然而，近年来赫罗公司和其他机构从婆罗洲和其他地方引进了大量变型，这些变型间彼此相互渗透。如此一来，要真正将美丽蝴蝶兰与大花蝴蝶兰（*P. grandiflora*）划分成两个独立的物种已经不可能了。因此，大花蝴蝶兰这个名字必须与前者合并。

大花美丽蝴蝶兰不仅花的大小和颜色各不相同，叶片的形态和颜色也有很大的差异。有的叶片长而尖，整片叶片均为绿色，还有一些的叶片短而钝，带一些紫色的斑纹，尤其是在下表面。在非常湿热的环境下，它的所有变种都很容易栽培，但应将它们放在浅的敞口盆或篮子中，使它们的根能够在空中自由伸展，然后挂在离草近一点的地方。最后要记住，不要让它们拼了命地开花！

1.唇瓣和合蕊柱正面　2.唇瓣和合蕊柱侧面

羊角蝴蝶兰

Phalaenopsis cornucervi

属特征：参阅前文。

本种特征：附生蝴蝶兰属植物；叶片近一拃长，二列着生，革质，椭圆状，叶基楔形，近与总花梗等高；总花梗近直立，棒状，形成一宽花序轴，花序轴上着花6—12朵或更多的花；萼片张开，肉质，窄且急尖，侧萼片呈独特的镰刀状；花瓣与萼片相似，但略小，黄绿色中缀以红棕色；唇瓣白色，舌状，唇盘凹陷，并与合蕊柱相连，肉质，向内折叠，3裂，侧裂片顶端倾斜，中裂片月牙形且具顶尖；凹陷的唇盘旁边具一略呈杯状的膜质附属物，通常饰以5条芒和2个一前一后的小齿；合蕊柱直立，细长，半圆形，基部具2个疣粒，药床低且平，扩展成一下弯的喙。

尽管很久以前，罗布先生就已经在毛淡棉发现了这种奇特的羊角蝴蝶兰，但它的活体植株在英格兰从来没有出现过。直到1864年，帕里什先生才将几株开始开花的羊角蝴蝶兰安全送达赫罗公司。

林德利博士曾怀疑 *Polychilos* 是否可以作为一个单独的属，是否与蝴蝶兰属有实质差异。然而莱辛巴哈教授坚定地认为这两个属应该归并。而最近刚刚开出花朵的两个物种——路德曼蝴蝶兰（*P. luddemannia*）和苏门答腊蝴蝶兰（*P. sumatrana*），一看就是处于老的蝴蝶兰和现代蝴蝶兰的中间状态，这一证据支持了莱辛巴哈教授的观点。总的来说，我也认为采用他的观点更合适。

羊角蝴蝶兰通常在夏季开花，易于和其他兰花混合在一起生长。不过一般每棵植株一个花葶上同时开放的花不会超过四五朵。

1. 合蕊柱、蕊喙和唇瓣侧面

2. 合蕊柱、蕊喙和唇瓣正面

罗氏蝴蝶兰 *Phalaenopsis lowii*

属特征：参阅前文。

本种特征：具纤维状的粗根；叶片少，椭圆形，急尖；花葶纤细，近一拃长，着生4—5朵花；苞片小，卵形，急尖；花稀疏着生，白色，并渲以玫红色；上萼片宽卵形，急尖，侧萼片椭圆形；花瓣宽，楔形，先端钝；唇瓣小，与侧萼片等长，3裂，侧裂片短，线形，反卷，中裂片椭圆形，紫色，中央具脊线，尖端啮蚀状，基部具冠；蕊喙长，象鼻状。

罗氏蝴蝶兰来自毛淡棉，是一种极其讨人喜欢的蝴蝶兰，由帕里什先生发现，1862年由克莱普顿苗圃引入欧洲。目前我们的温室中大约有12种蝴蝶兰，罗氏蝴蝶兰就是其中之一，当然未来必定会有更多。可能你会觉得和声名远扬的美丽蝴蝶兰相比，罗氏蝴蝶兰的花在大小和洁白度上不如前者，但其精致的玫红色花瓣足以弥补这个小瑕疵。此外，其唇瓣和蕊喙的形状尤为引人注目：蕊喙像极了鸟的头和喙，本文的附图完美地将其展示了出来。与罗氏蝴蝶兰关系最为密切的是出版在《柯蒂斯植物学杂志》上的小兰屿蝴蝶兰（*P. equestris*），但这两者之间区别很明显。

罗氏蝴蝶兰是一种十分脆弱的珍稀植物，常常由于开花过盛而消耗过多营养，最终导致枯萎。当温室保温、保湿效果不好，它的叶片也会脱落。为了避免发生这个问题，有时人们将它放置在一个特制的玻璃柜里培育。它通常被栽培在东印度公司大楼中，一般冬季开花。

1. 唇瓣和合蕊柱侧面

2. 唇瓣和合蕊柱正面　3. 花粉块

路德曼蝴蝶兰

Phalaenopsis luddemannia

属特征：参阅前文。

本种特征：叶片革质，具光泽，长4—6英寸或更长，难以与小兰屿蝴蝶兰的叶片相区分；花茎极短（整个属均如此），着花少；花瓣比萼片略小，长椭圆形，急尖，边缘白色，缀以横向条纹，基部条纹通常为紫水晶色，而上部的则为肉桂色；唇瓣3裂，侧裂片直立，舌状，具很深的双锯齿，中裂片长椭圆形，在微内卷的顶端具纵棱，在一些变种中具细锯齿，在侧裂片之间的唇盘上具许多小鳞片，前端具两个锯状的胼胝体；侧裂片具黄色的斑点，中裂片深蓝紫色；合蕊柱白色或蓝紫色，基部两侧均具棱翅。

美丽的路德曼蝴蝶兰原产于菲律宾，克莱普顿苗圃最初将它错误地当成小兰屿蝴蝶兰出售。今年（1865年）春天，这些路德曼蝴蝶兰中的部分个体不约而同地开花了，其中至少四株被同时展览在南肯辛顿的英国皇家园艺学会的一次星期二会议上。这几株来自戴先生、马歇尔先生、帕特森博士（Dr. Patterson）和赫罗公司的收藏，不过温特沃斯·布勒先生（Wentworth Buller）也收藏了路德曼蝴蝶兰。本种是最好栽培的兰花之一，但需要较好的热量条件。

莱辛巴哈教授在对路德曼蝴蝶兰非常有趣的描述中提到，它最初由巴黎的路德曼先生（Luddemann）栽培时也被赋予了"路德曼"的名字。莱辛巴哈教授表示他曾见过路德曼蝴蝶兰的两个变种，其中一个萼片和花瓣上都具有肉桂色的彩条，他将这个变种称为*ochracea*（黄花路德曼蝴蝶兰），另一个变种（和标本中所描述的一样）在萼片和花瓣下部具迷人的紫水晶色的彩条，他称之为*delicate*（娇艳路德曼蝴蝶兰）。本文中对路德曼蝴蝶兰的描述来源于展会中一株来自戴先生的植株。

1. 唇瓣和合蕊柱

西蕾丽蝴蝶兰

Phalaenopsis schilleriana

属特征：参阅前文。

本种特征：叶片长 6—18 英寸，椭圆形，先端钝，上表面具不规则白色斑纹，在暗绿色的衬托下显得分外好看，下表面则为紫色；总花梗长 1—3 英尺，向下弯曲，具分枝，多花着生（10—100 多朵），所有花同时开放；萼片长 1 英寸或更长，背萼片倒卵形并锐尖，侧萼片卵形且更急尖；花瓣长菱形，比萼片宽很多，与萼片一样为艳紫红色，边缘色淡或近白色；唇瓣 3 裂，侧裂片白色，椭圆形，向后延伸并围向中间，基部具一个四角的黄色胼胝体，中裂片紫红色，卵形，在顶端裂成两片细长的部分，相互分离并形成优雅的外卷；合蕊柱蓝色，棒状并延长，基部离生。

与大花美丽蝴蝶兰一样，西蕾丽蝴蝶兰是最先被引进到欧洲大陆栽培的。它是最让欧洲的栽培者们感到自豪的兰花之一，在可爱的蝴蝶兰属中，没有谁可以和它相媲美，就连美丽蝴蝶兰都略逊一筹。莱辛巴哈教授的一位杰出的老乡——来自德国汉堡的席勒领事，一直致力于研究它的生境。他在兰花收藏方面历来拥有很高的声望，直到现在也是如此。

西蕾丽蝴蝶兰拥有很多变种，它们在叶片的斑纹和花的大小及颜色方面各有差异。关于到底什么才是能够影响植株达到最佳生长状态的问题，那些最先引种的个体并没有给我们提供一个合理的参考。荷洛威的威廉先生曾表示，他从其原产地引进的一株西蕾丽蝴蝶兰开出了 100 朵花，目前这个数量已经被吉布先生（Gibb）的超越了。西蕾丽蝴蝶兰被发现于菲律宾，其海拔高于美丽蝴蝶兰，因此无需将它放在十分温暖的地方。相反，它几乎在任何环境下都可以自由生长和开花，花期一般在冬春季节。

绘图来源于 1865 年 5 月维奇先生的苗圃中一株壮丽盛开的西蕾丽蝴蝶兰。论花的大小和色彩的精妙程度，它已经超过本种的所有类型。

1.合蕊柱和唇瓣侧面　2.合蕊柱和唇瓣正面

苏门答腊蝴蝶兰

Phalaenopsis sumatrana

属特征：参阅前文。

本种特征：叶片先端尖，长约 6 英寸；花序与叶片近等长，着生 5—10 朵花；萼片长椭圆形，先端尖，不具龙骨，长 1 英寸或更长；花瓣比萼片更近楔形，两者形态和颜色均相似，黄白色，具深红棕色的宽横条纹；唇瓣短，具爪，3 裂，侧裂片在先端聚合，并向后延伸形成卷齿状，中裂片整体肉质，长椭圆形或似提琴状，基部缩合，先端多毛，沿中心线具龙骨线，在与侧裂片接合处形成两条细长的竖立的尾尖；唇瓣白色，侧裂片上具橙色斑点，沿中裂片具 4 条蓝紫色（在一些变种中为淡紫色）条纹；合蕊柱白色，半圆柱状，形似提琴，药帽具缘毛。

1865 年 6 月的第一周，关于这种引人注目的蝴蝶兰的有趣描述登上了《园艺纪事》，这要归功于莱辛巴哈教授的研究。

从中我们可以知道，苏门答腊蝴蝶兰原产地为苏门答腊的首府巨港（Palembang）。大约 25 年前，克瑟尔斯先生（Korthals）最先在此看到它开花。似乎也是克瑟尔斯将它送给了莱登植物园。约在 1856 年，它就在那里开出了花。后来，它以不完美的绘图冠以斑纹蝴蝶兰（*P. zebrina*）的名字出现在年报上。尽管苏门答腊蝴蝶兰很早以前就已经被引进到欧洲大陆广泛栽培，但我们一直都没能在英国见到它。直到去年（1865 年）春天，它在戴先生的庄园里开出了迷人的花朵。戴先生在南肯辛顿展出了苏门答腊蝴蝶兰，费奇先生所作的画正是参照的这棵展览的植株。

莱辛巴哈教授指出，苏门答腊蝴蝶兰的药帽边缘和毛药兰属（*Trichopilia*）类似，唇瓣顶端饰以"刷子一样浓密的毛发"。苏门答腊蝴蝶兰和同属的所有兰花方便管理，但它仍然极其稀有。

1.退化雄蕊（不育雄蕊）侧面

2.退化雄蕊（不育雄蕊）正面

哥伦比亚芦唇兰

Phragmipedium schlimii

[*Cypripedium schlimii*]

属特征：叶片革质，舌状，急尖；总花梗被刚毛；苞片三角形，具细尖；子房被柔毛；萼片卵形，先端钝，尖端收缩呈兜状；花瓣大于上萼片，或与下萼片等大；唇瓣椭圆状至囊状，口部向内收缩；退化雄蕊卵状，提琴形，具细尖，柱头上唇三角形，下唇钝，浅裂。

本种特征：一种无茎的陆生兰；具4—6枚革质的舌状叶片，锐尖，长1拃至1英尺；花葶生于叶片中间，具刚毛，长于叶片，常具分枝，一般着约6朵花，同时开放的花朵通常不多于2或3朵；苞片三角形，扁平，长过子房的一半，被柔毛；萼片长不过1英寸，卵形，先端钝，3枚近等大，但背萼片略大，顶端收缩，似帽状；花瓣大于上萼片，或与下萼片等大，和萼片均为白色，内部具深红色的条纹或斑块，背面微渲以深红色调；唇瓣膨胀形成袋状或拖鞋状，椭圆形，开口向内收缩，背面白色，正面具一深红色大斑块；不育雄蕊正面黄色，卵状，提琴形，渐尖，柱头上唇三角形，下唇向后弯曲，浅裂。

这种迷人的、来自新格拉纳达的兰花是以它的发现者来命名的。施力姆先生是林登先生手下最狂热的兰花采集人，他在奥卡纳附近、海拔4000英尺的潮湿的地方发现了它。1854年它首次在林登先生的温室中开花。据胡克植物标本馆的便笺上记录，后来珀迪在克鲁斯港附近干燥的河岸也发现了它。或许是因为这两位收藏家发现时的季节不同，才导致了这种不一致。哥伦比亚芦唇兰虽然在中温下很容易栽培，尤其在同时避免阳光直射后会更佳，但在英国它仍是一种珍稀的物种。其花期在夏末和秋季，若生长茂盛时至少还可以产生一条侧生花葶。本图中没有展现这个特性，在干标本中也看不到这个特征。绘图来源于1866年8月布尔先生（Bull）展览在南肯辛顿学会上的一株植株。

到目前为止，所有在美洲热带地区发现的具有3室子房的种类——莱辛巴哈教授想把它们归为一个单独的属——*Selenipidium*，但其他人和我都不同意这个看法。如果作为一个亚属倒还可以，也更容易得到承认。这个超级大家族中的一员，与旧世界的菲律宾兜兰以及新世界的长翼兰（*Cypripedium caudatum*[1]）都很相似，让人难以相信它们在结构上居然有本质的不同。

1　本种现在名称为 *P. caudatum*。

目前，在赤道以南的美洲，至少还可引进 6 种高贵的兰花。其中有 2 种来自安第斯山脉的种类都由莱辛巴哈教授做了精确的描绘：*S. hartwegii* 和 *S. boissierianum*[1]。我们还没有从东半球引进过这么迷人的兰花，目前我们只能寄希望于一些雄心勃勃的园丁，但愿他们在不久的将来能为我们温室的宝藏家族"添丁进口"。

1　现在的名称分别为 *P. hartwegii* 和 *S. boissierianum*。

1. 除去萼片和花瓣的花朵（示唇瓣、距和合蕊柱）

2. 合蕊柱和花药正面　3. 花粉块

弯叶囊唇兰

Saccolabium curvifolium

属特征：花被片直伸，开展；萼片与花瓣同形，侧萼片常较大；唇瓣不裂，具距，基部与合蕊柱合生；合蕊柱直立，半圆柱状，蕊喙钻形；花药1室；花粉块2枚，近球形，花粉块柄拉长，粘盘小。——附生草本，具茎；叶片二列分布，革质，尖端常偏斜；花稀疏着生于总状花序上，或单独着生。

本种特征：茎短，近小指头粗，下部棕色，"之"字形曲折，具宿存的老叶，向外自由着生许多独立的蠕虫状须根，植株通过这些须根黏附在树的枝条上；叶片众多，长8—10英寸，丝状，革质，具沟，顶端二齿状，基部具鞘，鞘下具节；总状花序从叶脉伸出，略微下垂，短于叶片，其上着生大量颜色艳丽的花朵，每朵花都生于卵形细尖的小苞片内；子房线形，彩色；萼片与花瓣大小和形状相同，水平展开，卵形，急尖，绯红色；唇瓣小，线形，反卷，基部具两个直立向上的齿或裂片，具棒状的距，距与花朵等长，且与唇瓣一样为橘色；合蕊柱和药帽绯红色。

弯叶囊唇兰原产地为尼泊尔，赫罗公司和其他机构将它从那里引进到了我们的温室。它与林德利博士的朱红囊唇兰（*S. miniatum*）关系密切，但比后者好看多了，而且也更受青睐。它的花期在5月份，可以持续很长一段时间而不凋谢，需要较为湿热的生长环境。

弯叶囊唇兰

1.花朵正面　2.花朵侧面

刺梗坚唇兰　*Stereochilus erinaceus*
[*Sarcanthus erinaceus*]

属特征：花被片开展；萼片和花瓣近同形；唇瓣短，基部具距，3 裂，肉质，与合蕊柱合生，距内部 1 室；合蕊柱直立，半圆柱状；花药 2 室；花粉块 2 枚，后侧开裂，粘盘通常变异性大。——附生草本，具茎；叶片二列，平展或直立；总状花序生于叶腋；花美丽。

本种特征：总花梗上具糙刺，着生总状花序；苞片三角形，缩短，具刺；子房和花梗同样具刺；萼片椭圆形，急尖，也具刺，花瓣舌状，先端钝；唇瓣边缘具深锯齿，靠近合蕊柱两侧具褶，侧裂片具 2 齿，中裂片延伸成三角形；距下弯，钻形至圆柱形，中空；唇盘近合蕊柱处具提琴形的瘤突；合蕊柱纤细，伸长；蕊喙反卷，钻形，伸长，尖端具 2 齿；花粉块柄近卵形，基部线形；花粉块先端 2 裂，中部嵌以花粉块柄，外弯。

大约 10 年前，在史蒂芬斯的一次拍卖会上，我第一次看见这种漂亮的兰花。当时它被当作红唇指甲兰（*Aerides rubrum*）拍卖，我立刻买下了它。经过几年的栽培，它在奈普斯利开出了花朵。

当第一次注意到它的花时，我正和已故好友休·斯托维尔先生（Hugh Stowell）在兰花室溜达，于是我就用他的名字给它命了名。不过，我当时并没有对它进行描述和核对。不久后我又在罗先生的收藏园中看到了它，发现它被命名为了粗毛指甲兰（*A. dasypogon*）。我也没多想，认为或许这才是它的真名，没有对这个问题进行深究。然而，去年秋天，我在邱园再一次见到了这种兰花，这一次它的名字又变成了 *Sarcanthus erinaceus*。莱辛巴哈教授在仔细察看了这株兰花后给了它上面的名字。这个名字取得恰到好处，精确地呈现了其花茎上独特的、蓬乱的毛或刺猬似的外观。它是一种稀有的兰花，整个族中除 *Saccolabium giganteum* 外就属它生长得最慢了。我的这株刺梗坚唇兰高约 4 英寸，已经开始分枝了，并且所有的分枝上都已经缀满花朵，成了令人瞩目的焦点，相信到我的孙子孙女一代它将会更加迷人。刺梗坚唇兰一般栽培在东印度公司大楼的兰花室中，通常在夏季开花。最初是由帕里什先生在毛淡棉发现，并将其引进到邱园和克莱普顿苗圃中。

1.合蕊柱　2.花粉块

皱瓣毛足兰　*Trichopilia crispa*

属特征：萼片和花瓣形态相同，开展，渐狭；唇瓣大，形如花瓣，卷曲，与合蕊柱平行，3裂，中裂片近2裂，平展，内侧裸露；合蕊柱圆柱形，棒状；药床兜状，3裂，被长柔毛；花药1室，扁平，前面突出；花粉块2枚，后面具沟，花粉块柄纤细，平截，附着在小粘盘上。——假鳞茎肉质，鞘片上部具斑点，单叶着生，叶片革质；花葶生于叶腋，着花1—3朵。

本种特征：假鳞茎长2—3英寸，阔卵形，微皱，着生1枚叶片；叶片阔披针形，向后反卷，先端渐尖；花葶长约6英寸，着生2—3朵漂亮的大花，花开放时直径可达5英寸；萼片与花瓣形态相似，线状披针形，先端急尖，边缘波状但不反卷；唇瓣外表面白色，内表面深玫红色，形似漏斗，3裂，侧裂片卷成圆状并相互包裹，中裂片较大，充分展开，边缘卷曲成波状，先端开裂；合蕊柱顶端3裂。

这是毛足兰属中最漂亮的一个，很容易与绯红毛足兰（*T. coccinea*）混淆，但皱瓣毛足兰的花更大更艳丽。和愉悦毛足兰（*T. suavis*）一样，皱瓣毛足兰的每个花葶上着生3朵花。长长的花葶围着花盆周围恣意生长，如此繁茂引人，看起来反倒像是装饰出来的。只要将皱瓣毛足兰放在兰科最常见的栽培环境中，它就能自由地生长，只是它开花的季节比较晚，一般是在6月份。

自从华纳先生（Warner）把皱瓣毛足兰从中美洲引进以来，已经过去好几年了。华纳先生在他的《兰花精选》（*Select Orchidaceous Plants*）中对它做了详细的描述，本文的插图来源于拉克先生提供的标本。

1.合蕊柱　2.花粉块

芳香毛足兰　*Trichopilia fragrans*

属特征: 参阅前文。

本种特征: 假鳞茎椭圆形，长 4—6 英寸，半圆柱状，略缩合，光滑，基部被 3—4 片具淡纹的膜质鳞片，仅着生 1 枚叶片；叶片长圆状披针形，长 6—8 英寸，急尖，光滑，少叶脉，肉质化程度高，不透光；总花梗生于假鳞茎基部，下垂，加上花长约 1 英尺，花大且美丽；一个总状花序着生 4 至多朵花，具苞片；苞片卵圆形，急尖，脱落；花梗长 2 英寸，逐渐过渡为子房；子房具 3 条犁沟，球棒状；萼片和花瓣形态相近，长 2.5—3 英寸，极度向外展开，线状披针形，渐尖，微卷曲；唇瓣极大，爪下部与合蕊柱结合，其余部分内卷，将合蕊柱包围，唇瓣从爪往上急剧扩张至很大，近圆形，不明显 3 裂，纯白色，基部唇盘处具一橘色斑块；合蕊柱圆柱形，球棒状；药床前面具 2 个圆耳，背面 3 裂且具缘毛；药帽盖状；花粉块 2 枚，具一花粉块柄和线状腺体。

由于一些新物种的发现和报道，导致毛足兰属与林德利博士所谓的 *Pilumna* 属这两个曾独立的属被认为应该归并到一起。我也因此不假思索地接受了莱辛巴哈教授的观点，将 *Pilumna fragrans* 替换成了 *Trichopilia fragrans*。芳香毛足兰原产于波帕扬山区，能散发出沁人心脾的香味，在湿冷的生境中生长，春季开花。内维尔女士为本文的插图提供了参考植株，来自她的著名的个人藏品。

芳香毛足兰

1. 带花冠和子房的合蕊柱

2. 药帽　3. 花粉块

愉悦毛足兰 *Trichopilia suavis*

属特征: 参阅前文。

本种特征: 假鳞茎极度缩合, 呈球状, 聚生, 着生 1 枚叶片; 叶片宽椭圆形, 革质, 基部渐狭成一侧扁的短柄; 总花梗下垂, 生于假鳞茎基部, 着生 2—3 朵具浓郁芳香的大花; 每朵花具一苞片, 苞片薄、卵形, 膜质, 白色中具棕色条纹; 子房长, 棒状, 具棱, 淡绿色; 萼片和花瓣开展, 白色或奶油色, 披针形, 先端渐尖, 近直或略卷曲; 唇瓣极大, 向前伸出, 底色为白色或奶油色, 其下部或爪包围着合蕊柱, 向上突然扩展形成漏斗状的花瓣, 且具倾斜的翅, 翼 3 裂, 具淡紫色斑点, 唇瓣喉部为黄色, 侧裂片边缘具圆锯齿且呈波状, 中裂片极大, 微反卷, 先端钝圆或微凹, 边缘圆锯齿状; 合蕊柱极长, 圆柱状, 先端扩展成一个凸出的肉质大柱头, 花药背面着生药帽; 药帽 4 裂, 每个裂片边缘具流苏状长毛, 头盔状, 先端渐尖; 花粉块着生于花粉块柄上, 花粉块柄狭窄, 楔形, 基部具一小粘盘。

和这个属的其他兰花一样, 愉悦毛足兰的原产地为中美洲, 但它和它们又有很大的差别。它的假鳞茎短而扁平, 下垂的总状花序具 3 朵花, 这两个特征与皱瓣毛足兰相似, 除此之外的其他特征差异极大。很难判断皱瓣毛足兰和愉悦毛足兰谁更漂亮, 但毫无疑问, 两者都十分可爱。这两种兰花都很好管理, 但温度不能太高。愉悦毛足兰有很多不同的类型, 其中一些比我们文中所描述的标本具有更加亮丽的斑点。本种花朵香气袭人, 一般在 4 月和 5 月间绽放。

1. 合蕊柱

图里亚尔瓦毛足兰

Trichopilia turialbae

属特征：参阅前文。

本种特征：萼片花瓣状，线状至舌状，渐尖；唇瓣楔形，扇状，3裂，侧裂片先端钝，膨大，中裂片肾形，2裂，渐狭，无脊线，唇瓣的爪与合蕊柱基部合生；药窠兜状，下部具纤毛，侧裂片稍短，中央凹陷，向基部渐狭，基部微凹；花药中肋低矮，药室短。

真正的毛足兰属似乎只存在于备受瞩目的中美洲地区，此处连接巨大的美洲大陆的南、北部，拥有非常丰富的兰花资源。贝拉瓜斯（Veraguas）山地区域毛足兰尤其多，而我们这里所讲述的图里亚尔瓦毛足兰——正如它的名字所暗示的，发现于积雪的图里亚尔瓦[1]（Turialva[2]）的山坡上。莱辛巴哈教授最先对该物种进行形态描述。他在《园艺纪事》中提到："黄白毛足兰（*T. albida*）、*T. oicophylax* 和斑纹毛足兰（*T. maculata*）都不能与它相媲美。

其花药边缘直立的流苏状膜质缘毛让人想起笔挺的旧式女士领口。图里亚尔瓦毛足兰的花为黄白色，唇瓣颜色更深。这种植物最初是由温兰德先生（Wendland）的儿子（也可能是孙子，因为他已经是温兰德家族的第三代了）在中美洲的图里亚尔瓦火山上发现的。后来一个名为赛尔（Sell）的旅行家也发现了它。"在这里我要补充一点，图里亚尔瓦毛足兰在颜色和总体外观上与勒梅尔（Lemaire）的彩纹毛足兰（*T. picta*）并不相似。

从我所查看的标本来判断，图里亚尔瓦毛足兰花的大小和颜色都十分多样。费奇先生的画作参考的是1864年7月由天堂苗圃（Paradise Nursery）的威廉先生展览在南肯辛顿的一株。与毛足兰属其他种类一样，图里亚尔瓦毛足兰很好管理，但不能把它放在太暖和的地方。毛足兰属严格意义上不算是"冷"兰花，它们所需要的温度，比最受欢迎的齿舌兰属的许多种类所需的要高很多。

1　这座山峰的名字（字面意义为"白塔"）是西班牙人取的，描述了从海面上看它时的独特外观。——原注

2　原文用词为"Turialva"，规范拼写为"Turrialba"。

1. 唇瓣和合蕊柱侧面

2. 唇瓣和合蕊柱正面

本森万代兰　*Vanda bensonii*

属特征：萼片开展，基部常收窄，与花瓣相似；花瓣与萼片同形，基部常扭曲；唇瓣基部囊状或具距，贴生在不明显的蕊柱足末端，常比萼片短很多，近3裂或全缘，前面的距常具短小的耳状胼胝或退化；合蕊柱短粗，离生，近无足；药床竖直；柱头横向；蕊喙钝圆或微凹；花粉块2枚，蜡质，长，平展或凸起，每个半裂或具裂隙；花粉块柄带状或楔形；粘盘大，近圆形或三角形；花药卵形，2室，瓣片半分离。——附生草本，分布于亚洲热带地区；叶片革质，二列着生，尖端偏斜；花常着生于总状花序上，艳丽；花梗侧生。

本种特征：植株高1英尺以上，紧密着生一簇叶片；叶片长一拃或更长，革质，具沟纹和不均匀的斜齿；花序直立，多花着生，甚长于叶片；花梗长约1英寸，白色；花稀疏排列，直径约2英寸；花瓣比萼片小，均呈舌状，倒卵形，先端钝，外表白色，内表黄绿色，并具无数红棕色圆点；唇瓣近与萼片等长，基部具2枚三角形的小钝瓣片或耳瓣，先端宽肾形且2裂，裂片呈漂亮的蓝紫色，耳瓣和基部的锥状距呈白色。

狂热的博物学家本森上校在缅甸仰光发现了本森万代兰，并将其送给了维奇先生，为万代兰属增添了一位美丽优雅的新成员，我也有幸以本森上校的名字为它命名。今年（1866年）夏天，在到达切尔西不久后，本森万代兰就开出了花朵。虽然它的花略逊于在仰光绽放的同类个体，但这也是可以理解的。仅从在邱园标本馆中展示的那些产自仰光的本森万代兰就可窥见一斑——它们的花序有的长度足有半码，花朵多达15朵。本森万代兰与黑珊瑚（*V. roxburghii*）、琴唇万代兰（*V. concolor*）之间关系密切，而其花序的长度、简洁朴实的花朵以及花朵内部的斑点和那一抹黄，是本森万代兰的重要特征。它是一种生存能力很强的兰花。

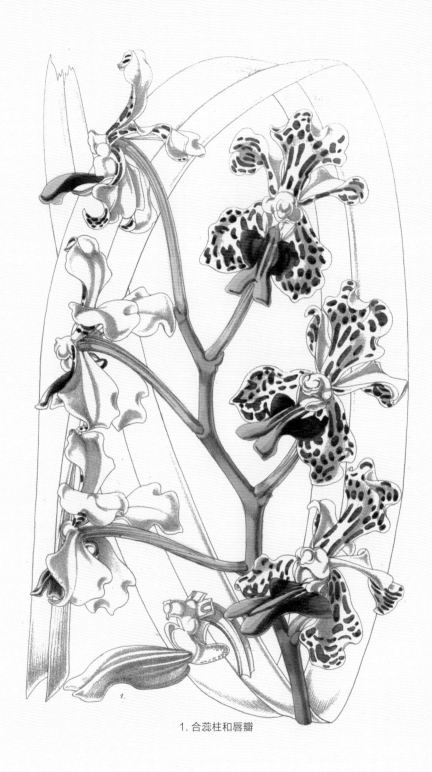

1. 合蕊柱和唇瓣

芳香万代兰　*Vanda suavis*

属特征：参阅前文。

本种特征：叶片带状，柔软，反卷，尖端偏斜，具齿；总状花序伸长，花朵稀疏排列；萼片与花瓣相近，匙形，向后凸出，深波状，近开裂，顶端圆形；唇瓣向前凸出，3裂，中裂片细长，渐狭，前端2裂，具3条脉纹，侧裂片长卵形，急尖，平展，侧耳直立，圆形。

芳香万代兰是一种极其可爱的兰花，洁白的花朵上具许多明晰可见的紫红色斑点，看起来像是用陶瓷制作而成。本种有着数不清的变型，其中一些变型的萼片和花瓣上还呈现大量棕黄色色调，通常被称为三色万代兰（*V. tricolor*）。芳香万代兰与显著万代兰（*V. insignis*）也有紧密的联系，而后者通常具明显的区分特征。芳香万代兰产于爪哇和东印度的一些岛屿，因此它们喜欢潮湿温热的环境。若能保证适宜的温度与湿度，芳香万代兰可以快速地生长，且一年四季都繁花满枝。

芳香万代兰

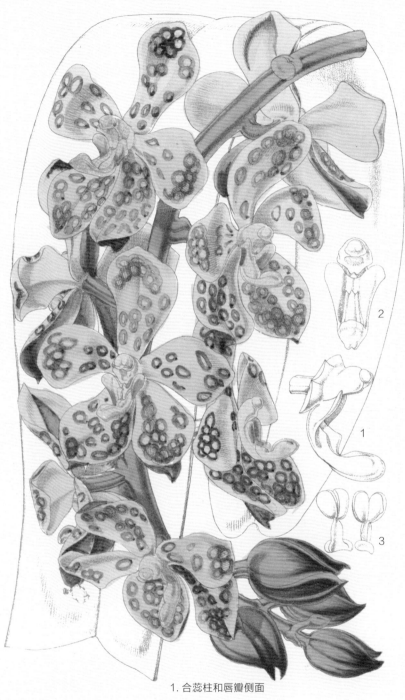

1. 合蕊柱和唇瓣侧面

2. 合蕊柱和花药正面

3. 花粉块

拟万代兰 *Vandopsis gigantea*
[大花万代兰 *Vanda gigantea*][1]

属特征：参阅前文。

本种特征：植株高大，着生革质叶片；叶片宽带状，反卷，长 1.5 英尺，先端极钝，顶端具大小不一的凹缺；总状花序大，下垂；花直径最大为 3 英寸，金黄色，具大量肉桂棕色斑块和斑点；合蕊柱短，与唇瓣同为白色，唇瓣比花瓣小，厚且肉质。

此处介绍的这种珍稀的万代兰，具有高贵的金黄色下垂花序——我们认为它在欧洲的第一次绽放是在 1860 年 4 月，在维奇父子的兰花温室里。格里菲斯先生在印度对它进行观察时写道，"这是我迄今为止看到过的这个属的兰花中，唯一能与美洲万代兰相媲美的"，而林德利博士自然对此不满，他认为"这肯定有点儿夸张了"。确实，就选美来说，若只是打败南美洲万代兰中的佼佼者，从印度大陆的石斛类或东印度群岛的附生兰花中，就可以轻而易举地挑出很多比大花万代兰更有实力的选手。然而南美洲万代兰其实并不是新世界兰花中最漂亮的，这些兰花中要数卡特兰属和蕾丽兰属的色彩最艳丽。大花万代兰在我们的温室中生长很慢，它对生境要求很高，比贝氏万代兰（*Vanda batemanni*）更甚。大花万代兰硕大的绿叶完美地衬托出了其金黄色花朵的美丽。要把整个大花万代兰植株完整无缺地画下来，需要一张 23 英寸对开的图纸。据格里菲斯先生说，大花万代兰原产地为伯尔曼帝国（Burman Empire），在达依河（Tenasserim River）边附生于大叶紫薇（*Lagerstroemia reginae*）上。

---

1 本种现在隶属拟万代兰属，在本书中，贝特曼将其归为了万代兰属，学名直译为大花万代兰，文中中文名沿用大花万代兰。

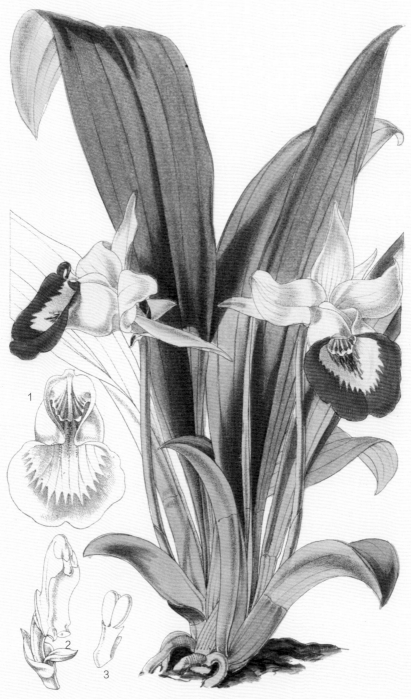

1.唇瓣 2.合蕊柱 3.花粉块

方枝盾盘兰

Warczewizella quadrata

属特征：花被肉质至膜质，基部偏斜；唇瓣略短，具爪，近方形，分裂，基部薄片状，兜状，包裹合蕊柱，其余部分平展，略突出；合蕊柱半圆柱状，中间凹，三角形，渐狭，位于蕊喙正面，3裂，隐藏于蕊喙中间；花药2室，凹陷或呈僧帽状，具细尖，后面的2个裂片宿存；花粉块2枚，凹陷，椭圆形，2深裂，靠近花粉块柄端舌状，尖端截形；粘盘菱形。（特征描述来自莱辛巴哈教授）

本种特征：无假鳞茎；具纤维质根，根粗壮，肉质；叶片簇生于根上，近直立，一拃或更长，叶脉不明显，叶片长圆形，短狭渐尖，明显或略具龙突骨，基部狭，对折且具节，被一些带棕色的鳞片；花葶基生，生于叶片中间，短于叶片，直立，基部被2—3片鞘状鳞片，其上着生一朵大花，花倾斜或下垂，具芳香；萼片白色或为极淡的黄绿色，披针形，侧萼片极度反卷和弯曲；花瓣颜色与萼片相同，卵状披针形，且向后反卷；唇瓣极大，圆形至倒卵形，3裂，侧裂片卵形，先端钝，内卷，中裂片顶端具很宽的凹缺，唇瓣白色，具较宽的紫色边缘，唇盘上具少量紫色条纹；唇瓣基部为一近正三角的盾形大唇盘，具辐射状的纹线和紫色条纹，边缘微凹，顶端具模糊的锯齿；合蕊柱短，白色，被唇瓣侧裂片包围。

我始终无法看出方枝盾盘兰与《柯蒂斯植物学杂志》第5582图版中描述的 *W. velata* 以及莱辛巴哈教授的 *W. marginata*[1] 之间都有什么不同，但还是保留了林德利博士的这个名称。因为至少他可以将这种兰花作为一个明确的物种与其他物种区分开来，即使最终它可能不再以一个单独的物种存在。

1853年11月，金斯敦的杰克逊先生庄园里的方枝盾盘兰开花了，这也是本文绘图的来源。而杰克逊先生名声大震，则是因为他最先发现了"冷处理"在兰花栽培中的应用价值。在冷处理的环境下，所有盾盘兰属植物都能够自由地生长并开花。与之相反，在炎热的环境下它们往往会枯萎。

方枝盾盘兰是由沃兹赛维克斯从中美洲引进的。

1　根据现在的分类系统，这两个物种现在的名称为边缘扇贝兰（*Cochleanthes marginata*）。

图书在版编目(CIP)数据

兰花的第二个世纪/(英)詹姆斯·贝特曼著;沐先运译.—北京:商务印书馆,2019
(博物之旅)
ISBN 978-7-100-17671-2

Ⅰ.①兰… Ⅱ.①詹…②沐… Ⅲ.①兰科—花卉—世界—普及读物 Ⅳ.①S682.31-49

中国版本图书馆 CIP 数据核字(2019)第 148052 号

兰花的第二个世纪

〔英〕 詹姆斯·贝特曼　著

沐先运　译

———————————————————

商 务 印 书 馆 出 版
(北京王府井大街 36 号　邮政编码 100710)
商 务 印 书 馆 发 行
北京雅昌艺术印刷有限公司印刷
ISBN 978-7-100-17671-2

———————————————————

2019 年 8 月第 1 版　　　开本 787×1092　1/16
2019 年 8 月北京第 1 次印刷　印张 14½
定价:98.00 元